Chouette

3e

14-15 ANS

Maths

Gérard Bonnefond
Daniel Daviaud
Bernard Revranche

© Hatier, Paris, 2019 – ISBN : 978-2-401-05128-7

Hatier

Ton parcours de révision

Commence par faire le test pour te situer. Coche la case ☐ quand tu as révisé un chapitre.

NOMBRES ET CALCULS

GESTION DE DONNÉES, FONCTIONS

GÉOMÉTRIE ET MESURES

ALGORITHMIQUE ET PROGRAMMATION

VERS LE BREVET

Des outils complémentaires

Le Guide Chouette .... au centre du cahier

- **Tous les CORRIGÉS des exercices, avec des explications**
- **Des informations « spécial parents »**

Complète ton entraînement sur le site hatier-entrainement.com avec :

- **Des EXERCICES interactifs en français et en maths**
- **Des PODCASTS audio en langues**
- **Des DICTÉES sonorisées**

TEST

1. *Réponds à chaque question du test en cochant la bonne réponse : A, B ou C.*
2. *Vérifie chaque réponse à l'aide du corrigé au bas de la page 5.*
3. *Si ta réponse n'est pas juste, entoure le numéro du chapitre : il est à réviser en priorité.*

NOMBRES ET CALCULS

CHAPITRE

1. L'expression $(x - 2)(4x + 1)$ est égale à :
☐ **A.** $4x^2 - 2$ ☐ **B.** $4x^2 - 7x - 2$ ☐ **C.** $4x^2 + 9x - 2$
1 p. 6

2. L'expression $3x^2 - x$ est égale à :
☐ **A.** $x(3x - 1)$ ☐ **B.** $x(3x)$ ☐ **C.** $2x^2$
1 p. 6

3. Le nombre qui, diminué de 5, est égal à sa moitié augmentée de 15 est :
☐ **A.** 25 ☐ **B.** – 20 ☐ **C.** 40
3 p. 10

4. L'ensemble des solutions de l'inéquation $5x + 2 \leqslant 7x + 12$ est représenté par la partie coloriée :
☐ **A.** 

☐ **B.** 

☐ **C.** 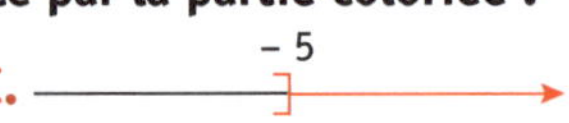

4 p. 12

5. 10^{-3} est égal à :
☐ **A.** 0,0001 ☐ **B.** – 30 ☐ **C.** $1 \div 10^3$
5 p. 14

6. L'écriture scientifique de 2017 est :
☐ **A.** $2{,}017 \times 10^3$ ☐ **B.** $2{,}017 \times 10^{-3}$ ☐ **C.** $20{,}17 \times 10^2$
6 p. 16

7. $\sqrt{36}$ est égal à :
☐ **A.** 6^2 ☐ **B.** 6 ☐ **C.** 18
7 p. 18

8. Le nombre 123456789 est :
☐ **A.** composé ☐ **B.** premier ☐ **C.** trop grand pour que l'on puisse répondre
8 p. 20

9. En rendant irréductible la fraction $\frac{418}{266}$, on obtient :
☐ **A.** $\frac{22}{14}$ ☐ **B.** $\frac{11}{7}$ ☐ **C.** $\frac{209}{133}$
9 p. 22

GESTION DE DONNÉES, FONCTIONS

CHAPITRE

10. Un livre qui valait 35 € coûte maintenant 7 % de plus. Son nouveau prix s'obtient en multipliant 35 par :
☐ **A.** 1,07 ☐ **B.** 1,70 ☐ **C.** 7 %
10 p. 24

11. Une fonction affine h est définie par $x \mapsto ax + 8$. D'autre part, $h(3) = 2$. Alors a est égal à :
☐ **A.** $\frac{2}{3}$ ☐ **B.** – 2 ☐ **C.** 8
11 p. 26

12. Pour une série statistique, l'étendue est :
☐ **A.** une médiane ☐ **B.** la moyenne ☐ **C.** l'écart des valeurs extrêmes
12 p. 28

13. Un sac contient 3 boules noires, 4 boules blanches, 5 boules jaunes et 1 boule bleue. On prend au hasard une boule. La probabilité d'obtenir une boule qui ne soit pas verte est :
☐ **A.** $\frac{13}{8}$ ☐ **B.** 1 ☐ **C.** 0
13 p. 30

GÉOMÉTRIE ET MESURES

CHAPITRE

14. La hauteur d'un triangle équilatéral de côté 6 cm mesure (à 0,01 cm près) :

☐ **A.** 5,20 cm ☐ **B.** 2,60 cm ☐ **C.** 4,32 cm

14 p. 32

15. Sachant que (AB) // (CD), OA = 2, OB = 3 et OC = 4, on en déduit que OD est égal à :

☐ **A.** $\frac{8}{3}$ ☐ **B.** 5 ☐ **C.** 6

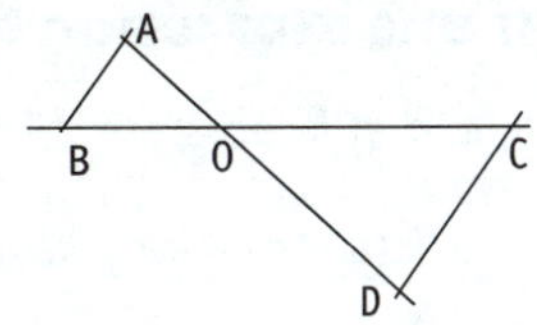

15 p. 34

16. Pour que (EF) et (BD) soient parallèles, il faut que AE soit égal à :

☐ **A.** 1,5 ☐ **B.** 3 ☐ **C.** 4

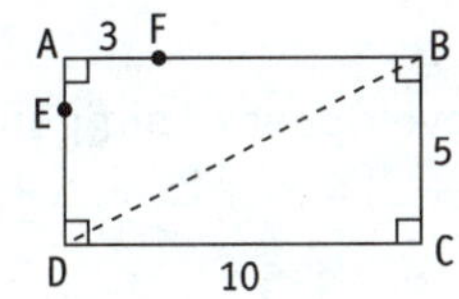

16 p. 36

17. Le triangle AOC est l'image du triangle BOA par la rotation de centre O, dans le sens des aiguilles d'une montre et d'angle :

☐ **A.** 100° ☐ **B.** 120° ☐ **C.** 144°

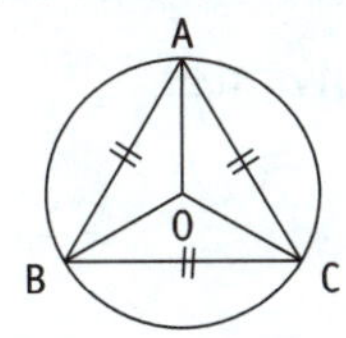

17 p. 38

18. Un triangle d'aire 3 cm² a subi un agrandissement de rapport 5. L'aire du triangle ainsi agrandi est :

☐ **A.** 15 cm² ☐ **B.** 75 cm² ☐ **C.** 375 cm²

18 p. 40

19. L'homothétie de centre O et de rapport 0,75 est :

☐ **A.** une réduction ☐ **B.** un agrandissement ☐ **C.** une espèce de primate préhistorique

19 p. 42

20. Sur la figure, le côté NO est égal à :

☐ **A.** $\frac{50}{3}$ ☐ **B.** 6 ☐ **C.** 8

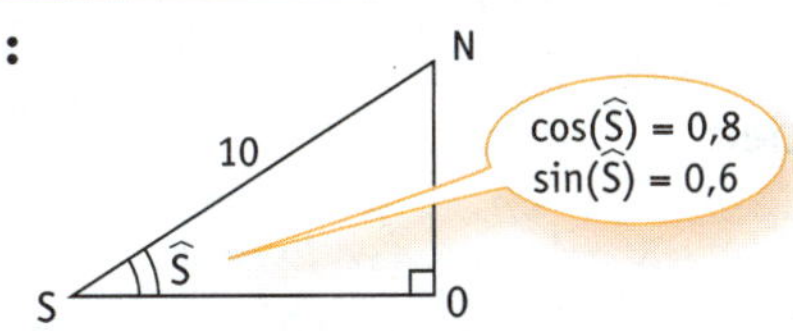

20 p. 44

21. Â est un angle aigu et cos(Â) = 0,96. Alors sin(Â) est égal à :

☐ **A.** 0,04 ☐ **B.** 1,4 ☐ **C.** 0,28

21 p. 46

22. Une boule a 13 cm de diamètre. Son volume est :

☐ **A.** strictement supérieur à 1 litre ☐ **B.** égal à 1 litre ☐ **C.** strictement inférieur à 1 litre

22 p. 48

23. La section d'un cylindre par un plan parallèle à l'axe du cylindre est :

☐ **A.** un disque ☐ **B.** un rectangle ☐ **C.** un triangle rectangle isocèle

23 p. 50

24. Un avion se déplace à 280 m/s. Alors sa vitesse est :

☐ **A.** supérieure à 1 000 km/h ☐ **B.** égale à 1 000 km/h ☐ **C.** inférieure à 1 000 km/h

24 p. 52

ALGORITHMIQUE ET PROGRAMMATION

CHAPITRE

25. Si on exécute ces instructions de Scratch :

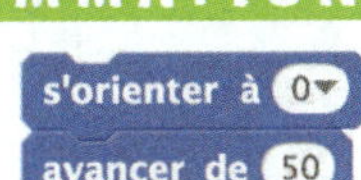

alors le lutin se déplace vers :

☐ **A.** la droite ☐ **B.** le bas ☐ **C.** le haut

25 p. 54

Réponses :
1. B 2. A 3. C 4. B 5. C 6. A 7. B 8. A 9. B 10. A 11. B 12. C 13. B 14. A 15. A 16. A
17. B 18. B 19. A 20. B 21. C 22. A 23. B 24. A 25. C

1 Développer et factoriser une expression

Comment développer une expression en utilisant la distributivité ?

- Pour tous nombres a, b, c, d et k, on a :

$k \times (a + b) = ka + kb$; $k \times (a - b) = ka - kb$.

$(a + b)(c + d) = ac + ad + bc + bd$.

Exemple : Développer et simplifier l'expression $A = (x + 3)(x + 2)$.
$A = (x + 3)(x + 2) = x^2 + 2x + 3x + 3 \times 2 = x^2 + 5x + 6$.

1 Pour réviser

Développer puis simplifier les expressions suivantes.

$A = 3x(x + 1) + 2x =$ ....

$B = (x + 7)(x - 2) =$ ....

$C = (5x + 6)(2x - 1) =$ ....

$D = (x + 2)(x - 5) + (x - 3)(x + 4) =$ ....

$E = 3(x - a) + a(3 - x) + x(a - 3) =$ ....

$F = (x - 6)(x + 1) - (x + 6)(x - 1) =$ ....

COUP DE POUCE
N'oublie pas de simplifier !

2 À compléter par des nombres entiers

a. $(3x + 8)(7x +$ ....$) =$ .... $x^2 +$ .... $x + 16$

b. $(2a + b)(4a + 3) =$ .... $a^2 +$ .... $a +$ .... $ab +$ .... b

c. $(4x -$ ....$)(6x + 3) =$ .... $x^2 -$ .... $x - 15$

COUP DE POUCE
Remplace les pointillés par des nombres entiers. Travaille au brouillon et recopie le résultat.

3 Expressions remarquables

Développer.

a. $(a + b)^2 = (a + b)(a + b) =$ ....

b. $(a - b)^2 = (a - b)(a - b) =$ ....

c. $(a + b)(a - b) =$ ....

4 Développements

Développer puis simplifier les expressions suivantes.

$A = (a - 7)(a + 7) + 49 =$ ....

$B = (3b - 5)(3b - 5) + 30b =$ ....

$C = (2x + 9)(2x + 9) =$ ....

$D = (x + 4)(x + 4) - 8\,(x + 2) =$ ....

$E = 121 + (2x - 11)(2x + 11) =$ ....

Comment factoriser une expression en utilisant un facteur commun ?

▸ Pour tous nombres a, b et k, on a :

$$ka + kb = k(a + b)$$

On a mis k en facteur.

k est un facteur commun.

Exemple : $7x + 21 = 7x + 7 \times 3 = 7(x + 3)$.

★ 5 Avec un facteur commun (1)

Factoriser les expressions suivantes.

$A = 9a + 18 =$ ……………………………………

$B = 7x - 7y =$ ……………………………………

$C = 2a + ax =$ ……………………………………

$D = 4x^2 - x =$ ……………………………………

$E = i - i^2 =$ ……………………………………

$F = 6x - 18y + 12 =$ ……………………………………

★★ 6 Avec un facteur commun (2)

Factoriser les expressions suivantes.

$A = (x - 2)(2x + 1) + (x - 2)(x + 4) =$ ……………………………………

$B = (a + 1)(a - 3) + (a + 1)^2 =$ ……………………………………

$C = x(x + 8) - 2(x + 8) =$ ……………………………………

$D = (3x - 2)(4x + 5) - 5(3x - 2) =$ ……………………………………

COUP DE POUCE
Dans le calcul de B, $(a + 1)^2 = (a + 1) \times (a + 1)$.

★ 7 Le bon grain de l'ivraie

Rayer les expressions qui ne sont pas des produits de facteurs.

$A = (x + 2)^2$

$B = a^2 + 1$

$C = 2x + 3x$

$D = x^2 + 2x$

$E = (2x - 3)(3 + 2x)$

$F = 3 + 4x\ (3 + 4x)$

$G = x(x + 3) + 3$

$H = 4x^2 \times (x + 1)^2$

$I = 2x(x + 3) \times (x + 3)^2$

★★ 8 Factorisations

Factoriser les expressions suivantes.

$A = 16x^2 + 24x =$ ……………………………………

$B = ab + a =$ ……………………………………

$C = 4x^2 - 12x =$ ……………………………………

$D = 100r^2 - 1\,000r =$ ……………………………………

$E = 25x + 30x^2 - 5x =$ ……………………………………

Corrigés p. 2

2 Résoudre des équations (révision)

Quelles situations rencontre-t-on quand on résout des équations ?

Première situation

On peut **ajouter ou retrancher** un même nombre aux deux membres d'une égalité.

Exemple 1 : Si $x - 5 = 7$

alors $x = 7 + 5$

donc $x = 12$.

On trouve x en ajoutant 5 aux deux membres.

Exemple 2 : Si $3x = 3 + 2x$

alors $3x - 2x = 3$

donc $x = 3$

On isole les x en retranchant $2x$ aux deux membres.

Seconde situation

On peut **multiplier ou diviser** les deux membres d'une égalité par un même nombre (non nul).

Exemple 1 : Si $3x = 24$

alors $x = \frac{24}{3}$

donc $x = 8$

On trouve x en divisant les deux membres par 3.

Exemple 2 : Si $\frac{5x}{2} = \frac{7}{2}$

alors $5x = 7$

donc $x = \frac{7}{5}$.

On supprime le dénominateur commun 2, en multipliant les deux membres par 2.

★ 1 Résoudre

a. $x + 5 = 3$ b. $x + 12 = 0$ c. $x - 4 = 5$ d. $x - 7 = -5$

....

....

★ 2 Résoudre

a. $2x = 12$ b. $3x = 7{,}5$ c. $5x = -8$ d. $4x = 0$

....

....

★ 3 Résoudre

a. $4x = 1$ b. $7x = 1$ c. $-2x = 5$ d. $-8x = -16$

....

....

4 Résoudre

a. $2x + 3 = 5$

b. $7x - 4 = 11$

c. $3x - 15 = 0$

5 Résoudre

a. $8x + 12 = 0$

b. $-3x + 1{,}5 = 6$

c. $-2x - 30 = 20$

6 Résoudre

a. $2x + \pi = 5\pi$

b. $11x + 5 = 5$

c. $1 + 499x = 500$

7 Résoudre

a. $\frac{3x}{7} = \frac{9}{14}$

b. $\frac{1}{4} + \frac{x}{2} = \frac{5}{2}$

c. $\frac{x}{3} = \frac{1}{2} + \frac{x}{6}$

COUP DE POUCE

Réduis d'abord tous les termes au même dénominateur.

8 Résoudre

a. $\frac{1}{2} = \frac{1}{3} + x$

b. $\frac{x}{5} + 1 - \frac{3}{10} = 0$

c. $\frac{7}{3} - \frac{x}{9} = -2$

ATTENTION

- **b.** $1 = \frac{10}{10}$; $0 = \frac{0}{10}$
- **c.** $-2 = -\frac{18}{9}$

9 Résoudre

a. $x - \frac{2}{3} = 11 \times \frac{2}{3}$

b. $ax = 2a$

c. $x + a = a$

d. $\frac{x}{7} - 7 = 0$

COUP DE POUCE

- Note bien que dans ces équations, l'inconnue est x.
- Pour **b.**, $a \neq 0$.

Corrigés p. 2-4

3 Résoudre des problèmes avec une équation

Comment résoudre un problème à l'aide d'une équation ?

Pour résoudre un problème à l'aide d'une équation, on suit le plan suivant.

- **Choix de l'inconnue.** On lui donne un **nom** (c'est souvent x) et on la définit.
  Exemple
  Soit x le nombre de personnes qui…
- **Mise en équation.** On traduit le texte sous forme d'une équation.
- **Résolution de l'équation.** On cherche la (ou les) **solution(s)** de l'équation.
- **Conclusion.** On ne retient que les solutions qui ont un **sens** vis-à-vis du problème (par exemple, on élimine les valeurs négatives lorsque x est une longueur).

★ 1 À la recherche d'un nombre x

Trouver x tel que sa moitié augmentée de 25 soit égale à son double diminué de 8.

★ 2 Problème d'âges

Émilie a 12 ans ; son frère Jérôme en a 28.
Dans combien d'années l'âge de Jérôme sera-t-il le double de celui d'Émilie ?

> **COUP DE POUCE**
> Soit x le nombre d'années cherché.

★★ 3 Moyenne trimestrielle

Au cours du trimestre, Gaby a obtenu cinq notes dont la moyenne est 12.
Quelle note doit-elle avoir au sixième devoir pour que sa moyenne monte à 13 ?

★★ **4** **Côtés d'un triangle**

BC est le double de AB.
AC est égal à une fois et demie AB.
La longueur totale des trois demi-cercles est 9π. Combien mesure AB ?

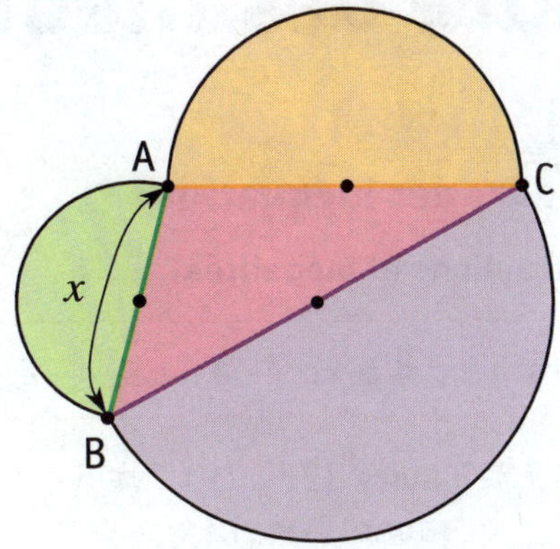

INFO
La longueur d'un demi-cercle de diamètre d est $\frac{\pi d}{2}$.

★★ **5** **Terrain de sport**

Le terrain de sport ci-contre mesure 430 m de périmètre.
Calculer la longueur x (en mètres).
On donnera une valeur approchée de x en remplaçant π par $\frac{22}{7}$.

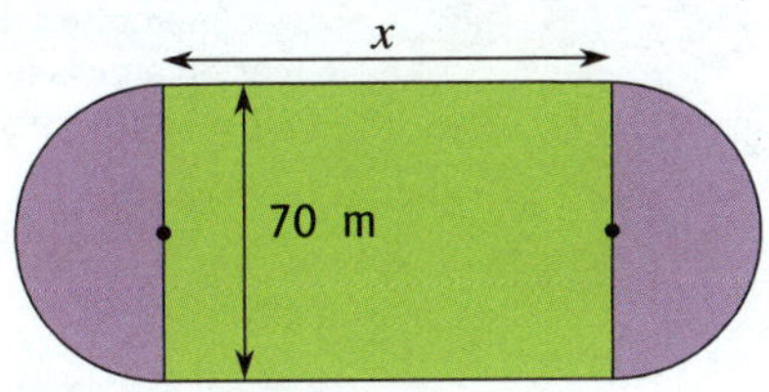

★★ **6** **Aire d'un triangle**

AB = 12, AC = 15, CH = 10.
Calculer la hauteur BK.

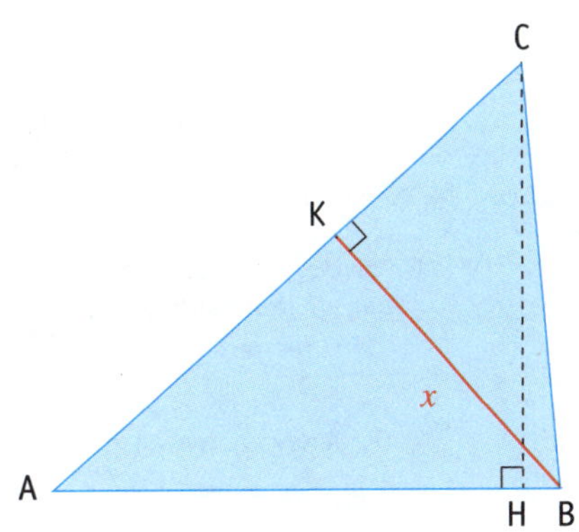

COUP DE POUCE
Exprime de deux façons l'aire de ABC.

Corrigés p. 4-5

4 Résoudre des inéquations

Comment résoudre des inéquations ?

Additions, soustractions et inégalités

Si $a \leqslant b$ alors $a + c \leqslant b + c$ et $a - c \leqslant b - c$.

Exemple : Si $2x - 7 \leqslant 5$ alors $(2x - 7) + 7 \leqslant 5 + 7$
donc $2x \leqslant 12$.

On a ajouté 7 aux deux membres.

Multiplications, divisions et inégalités

Si $a \leqslant b$ et $c > 0$ alors $ac \leqslant bc$ et $\frac{a}{c} \leqslant \frac{b}{c}$.

Si $a \leqslant b$ et $c < 0$ alors $ac \geqslant bc$ et $\frac{a}{c} \geqslant \frac{b}{c}$.

On change le sens de l'inégalité quand c est négatif.

Exemple : Si $-4x \leqslant 12$ alors $\frac{-4x}{-4} \geqslant \frac{12}{-4}$
donc $x \geqslant -3$.

L'inégalité a changé de sens, car on a divisé les deux membres par un nombre strictement négatif.

★ 1 Une inéquation résolue (ou presque)

a. Compléter les pointillés.

$\frac{5x+4}{3} - \frac{x}{2} \leqslant 8 + \frac{5x}{2}$

$\frac{\ldots\ldots}{6} - \frac{\ldots\ldots}{6} \leqslant \frac{\ldots\ldots}{6} + \frac{\ldots\ldots}{6}$

On réduit tous les termes au même ....

$10x + 8 - 3x \leqslant 48 + 15x$

$7x + 8 \leqslant 48 + 15x$

On supprime les dénominateurs en multipliant les deux membres par ....

....

....

On retranche 8 puis $15x$ aux deux membres.

$-8x \leqslant 40$

$x \ldots\ldots\ldots \frac{40}{-8}$

On divise les deux membres par – 8 (qui est négatif).

$x \ldots\ldots\ldots$

On achève le travail.

b. Colorier sur cette droite graduée l'ensemble des solutions.

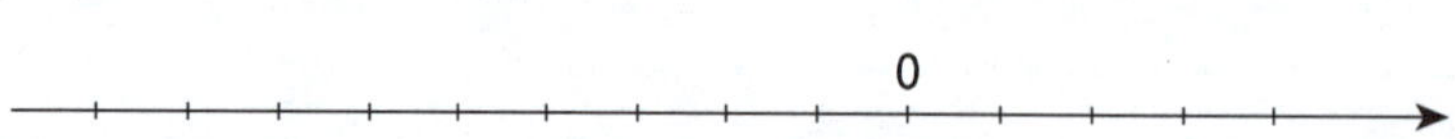

ATTENTION
Que se passe-t-il si on divise les deux membres d'une inégalité par un nombre négatif ?

2 Solution ou pas solution ?

a. Est-ce que 5 est solution de l'inéquation $3x - 5 < 9$?

……………………………………………………………………………………

Et 4 ? ……………………………………………………………………………

Et 0 ? ……………………………………………………………………………

b. Cocher les cases lorsque le nombre est solution de l'inéquation.

Inéquation \ Nombre	5	4	0	− 2
$3x - 5 < 9$				
$2 - 5x \leqslant - 2$				
$- 3x \geqslant 0$				
$4 - 2x > 1$				

> **COUP DE POUCE**
> Remplace x par 5 et compare les deux membres.

3 Résoudre $9x + 8 \geqslant 5x + 2$

……………………………… ………………………………

……………………………… ………………………………

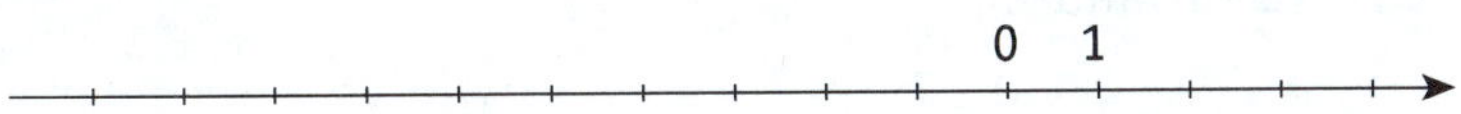

> **COUP DE POUCE**
> Résous et représente sur la droite graduée l'ensemble des solutions.

4 Résoudre $2(x - 11) > 5(x - 8)$

……………………………… ………………………………

……………………………… ………………………………

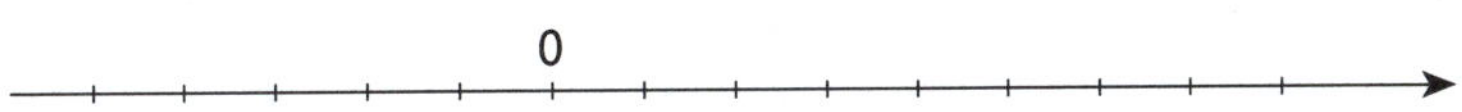

> **ATTENTION**
> Si on divise par un nombre négatif...

5 Résoudre $3x + \dfrac{4 - x}{2} < \dfrac{5x}{3}$

……………………………… ………………………………

……………………………… ………………………………

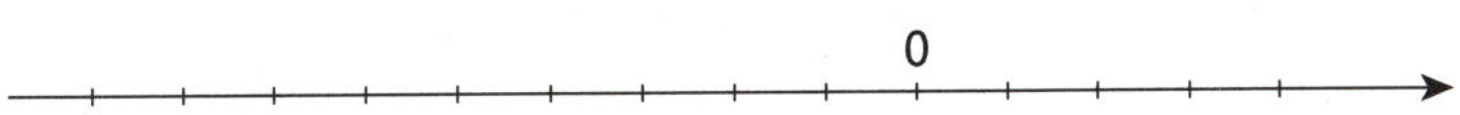

> **COUP DE POUCE**
> Commence par réduire au même dénominateur.

Corrigés p. 5-6

5 Calculer avec des puissances

Comment calculer avec des puissances de 10 ?

Définition

- Si n est un entier positif alors $10^n = \underbrace{10 \dots 0}_{n \text{ zéros}}$
- Si $n \geqslant 2$ alors $10^n = \underbrace{10 \times 10 \times \dots \times 10}_{n \text{ facteurs}}$

Exemples : $10^3 = 10 \times 10 \times 10 = 1\,000$; $10^1 = 10$.

- Si n est un entier positif alors $10^{-n} = \underbrace{0{,}0 \dots 0}_{n \text{ zéros}}1 = \dfrac{1}{10^n}$

Exemples : $10^{-4} = 0{,}0001 = \dfrac{1}{10^4}$; $10^{-1} = \dfrac{1}{10} = 0{,}1$.

Exemples de calculs

- $10^3 \times 10^2 = 1\,000 \times 100 = 100\,000 = 10^5$; $\dfrac{10^5}{10^2} = \dfrac{100\,000}{100} = 1000 = 10^3$
- $10^4 \times 10^{-2} = 10\,000 \times 0{,}01 = 100 = 10^2$; $10^{-3} \times 10^{-2} = 0{,}001 \times 0{,}01 = 0{,}00001 = 10^{-5}$.

★ 1 Des chiffres et des lettres

a. Écrire en lettres les puissances de 10 suivantes.

10^2 : .... 10^5 : .... 10^7 : .... 10^{10} : ....

b. Écrire sous forme de puissance de 10.

un million : .... dix : .... dix mille : .... un milliard : ....

COUP DE POUCE
Exercices 1 et 2
Tu peux passer par l'intermédiaire de l'écriture en chiffres.

★ 2 Des lettres et des chiffres

a. Écrire sous forme de puissance de 10.

un dixième : .... un centième : .... un cent-millième : .... un milliardième : ....

b. Écrire en lettres.

10^{-3} : ....

10^{-6} : ....

10^{-4} : ....

10^{-7} : ....

Comment calculer les puissances d'un nombre (non nul) ?

Introduction des exposants négatifs

$2^{-4} = \dfrac{1}{2^4} = \dfrac{1}{16} = 0{,}0625$; $5^{-1} = \dfrac{1}{5} = 0{,}2$; $3^{-2} = \dfrac{1}{3^2} = \dfrac{1}{9}$. Par définition $a^{-n} = \dfrac{1}{a^n}$

Calculs avec des exposants de signes quelconques

$3^4 \times 3^2 = (3 \times 3 \times 3 \times 3) \times (3 \times 3) = 3^6$; $2^5 \times 2^{-2} = 2^5 \times \dfrac{1}{2^2} = \dfrac{2^5}{2^2} = \dfrac{2 \times 2 \times 2 \times 2 \times 2}{2 \times 2} = 2^3$

$2^6 \times 2^{-4} = 2^6 \times \dfrac{1}{2^4} = \dfrac{2^6}{2^4} = 2^2$; $5^2 \times 5^{-6} = 5^2 \times \dfrac{1}{5^6} = \dfrac{5^2}{5^6} = \dfrac{1}{5^4} = \dfrac{1}{625}$.

★★ 3 Premiers calculs

Mettre sous forme d'un nombre décimal (ou entier).

a. $5^4 =$ ………… ; $5^{-3} =$ ………… ; $2^{-2} =$ ………… ; $10^{-1} =$ ………… ; $4^{-3} =$ …………

b. $7^5 \times 7^{-3} =$ …… ; $9^2 \times 9 =$ …… ; $10^6 \times 10^{-4} =$ …… ; $2^{-4} \times 2^{-1} =$ …… ; $4^3 \times 4^{-5} =$ ……

> **COUP DE POUCE**
> Fais les calculs au brouillon.

★★ 4 Pour s'entraîner

Mettre sous forme d'un nombre décimal (ou entier).

a. $5^8 \times 5^{-10} =$ …… $3^5 \times 3^3 =$ …… $3^7 \times 3^{-4} =$ …… $8^6 \times 8^{-7} =$ ……

b. $2^{-4} \times 2^{-1} =$ …… $7^5 \times 7^{-1} =$ …… $4^5 \times 4^{-6} =$ …… $1^{500} =$ ……

★★ 5 Puissance de 10

a. Mettre sous forme d'un nombre décimal (ou entier).

$0{,}1^2 =$ ………… $0{,}01^2 =$ ………… $10^3 \times 0{,}01 =$ ………… $10^{-3} \times 10 =$ …………

b. Mettre sous forme d'une puissance de 10.

$\dfrac{0{,}01}{10^3} =$ ……………… $\dfrac{10}{10^4} =$ ……………… $\dfrac{10^{-4}}{10^2} =$ ………………

★ 6 Avec des divisions

Écrire sous une forme plus simple (nombre décimal ou fraction simplifiée).

a. $\dfrac{3^5}{3^2} =$ ……… ; $\dfrac{2^4}{2^5} =$ ……… ; $\dfrac{7^4}{7^4} =$ ……… ; $\dfrac{4^5}{4^3} =$ ……… ; $\dfrac{25^3}{25^4} =$ ………

b. $\dfrac{5}{5^3} =$ ……… ; $\dfrac{10^4}{10^7} =$ ……… ; $\dfrac{6^3}{6^4} =$ ……… ; $\dfrac{100^2}{100} =$ ……… ; $\dfrac{10^3}{10^2} =$ ………

★ 7 Chasser l'intrus

Entourer le nombre qui n'est pas un entier.

$(0{,}25)^{-2}$ $(0{,}2)^{-4}$ $(0{,}125)^{-3}$ $(0{,}5)^{-5}$ 4^{-3} $(0{,}1)^{-2}$ $(0{,}02)^{-2}$ $(0{,}01)^{-3}$

> **INFO**
> Sur la calculatrice, utilise la touche $x^{\square}$ ou x^n

★★ 8 Puissances croisées

Compléter les tableaux avec des nombres à trois chiffres, dont les définitions sont données sur le côté.

	A	B	C
I			
II			
III			

I : puissance 5e
II : puissance de 22
III : cube
A : puissance 5e
B : carré
C : cube

	A	B	C
I			
II			
III			

I : puissance 9e
II : cube
III : cube
A : puissance de 2
B : carré
C : puissance de 2

> **COUP DE POUCE**
> Tu peux commencer par rechercher, avec la calculatrice, les puissances qui s'écrivent avec trois chiffres.

Corrigés p. 6-7

6 Utiliser les puissances

Comment multiplier ou diviser par une puissance de 10 ?

Rappel

Pour multiplier par 10^1 ; 10^2 ; 10^3... on déplace la virgule de 1 ; 2 ; 3... rangs vers la droite.

Exemples : $6{,}5 \times 10^2 = 650$; $0{,}01789 \times 10^3 = 17{,}89$.

Pour diviser par 10^1 ; 10^2 ; 10^3... on déplace la virgule de 1 ; 2 ; 3... rangs vers la gauche.

Exemples : $8 \div 10^3 = 0{,}008$; $14{,}18 \div 10^2 = 0{,}1418$.

Nouveautés

Multiplier par 10^{-1} ; 10^{-2} ; 10^{-3}... revient à diviser par 10^1 ; 10^2 ; 10^3...

Exemple : $201{,}7 \times 10^{-3} = \dfrac{201{,}7}{10^3} = 0{,}2017$.

Diviser par 10^{-1} ; 10^{-2} ; 10^{-3}... revient à multiplier par 10^1 ; 10^2 ; 10^3...

Exemple : $1{,}5 \div 10^{-2} = 1{,}5 \times 10^2 = 150$.

★ 1 Puissance de calcul

a. Quelle est la hauteur, en cm, d'un paquet de 10 000 feuilles, chacune ayant une épaisseur de 10^{-2} cm ? ....

b. Combien y a-t-il de grains de sable dans un quintal de sable, chaque grain pesant, en moyenne, 10^{-1} mg ? ....

c. Un prince partage 10 milliards d'euros entre un million de ses sujets. Combien chacun d'eux reçoit-il ? ....

★ 2 Analyse de sang

Une analyse de sang d'un patient a donné les résultats suivants.

- Globules rouges : $4{,}8 \times 10^6$ par mm^3 de sang.
- Globules blancs : 8×10^3 par mm^3 de sang.

a. Estimer le nombre total de globules rouges de ce patient dont le corps contient 5 L de sang. ....

b. Même question avec les globules blancs. ....

COUP DE POUCE
5 L = ... mm^3

Comment écrire un nombre en notation scientifique ?

Exemples : Écrire 235,74 et 0,000981 en notation scientifique.

$235{,}74 = 2{,}3574 \times 10^2$

$0{,}000981 = 9{,}81 \times 10^{-4}$

L'exposant de la puissance de 10 correspond au déplacement de la virgule.

On place la virgule après le 1er chiffre autre que 0.

★★ 3 **Proxima du Centaure**

L'étoile la plus proche de nous est à 40 millions de millions de km.

a. Écrire en notation scientifique cette distance en km. ....

b. Imaginer un vaisseau spatial animé d'une vitesse de 100 km/s (beaucoup plus rapide qu'une fusée actuelle). Combien d'années lui faudra-t-il pour atteindre l'étoile Proxima du Centaure ? (Prendre 365 jours pour un an et arrondir le résultat à 1 000 ans près).

....

★★ 4 **Notre planète**

a. La masse de la Terre est d'environ 6 000 milliards de milliards de tonnes. Écrire en notation scientifique cette masse en kg. ....

b. La Terre tourne autour du Soleil sur un trajet circulaire (ou presque) de rayon 150 millions de km. Combien de km parcourt-elle en 1 h ? ....

....

> **COUP DE POUCE**
> **b.** En un an, la Terre parcourt ....

★★ 5 **Bactéries**

On admet que, dans des conditions favorables, le nombre de bactéries double toutes les heures. Au début de l'expérience, dans un cristallisoir, il y a 10 bactéries.

a. Combien seront-elles après 24 h ? (Donner un résultat arrondi et en notation scientifique.) ....

b. Combien seront-elles après 3 jours ? ....

★ 6 ***Si vis pacem, para bellum****

Un porte-avion coûte environ 4 milliards d'euros.

Quelle hauteur atteindrait une pile de billets de 100 €, représentant cette somme, sachant qu'un billet de 100 € a une épaisseur de 0,25 mm ? ....

> **INFO**
> *« Si tu veux la paix, prépare la guerre » (en latin).

★ 7 **Population mondiale**

La population mondiale est d'environ 7,5 milliards d'êtres humains en 2016.

a. La surface des terres émergées mesure 103×10^6 km^2. Calculer le nombre moyen d'individus par km^2. ....

b. En supposant qu'un être humain boit environ 2 L d'eau par jour, calculer en m^3 la consommation journalière des êtres humains sur la Terre. ....

★ 8 **L'univers « exploré »**

L'univers « exploré » comporte environ 130 milliards de galaxies et notre galaxie (la Voie lactée) comporte environ 234 milliards d'étoiles.

a. Écrire ces 2 nombres en notation scientifique. ....

b. En comptant une moyenne de 100 milliards d'étoiles par galaxie, estimer le nombre d'étoiles dans l'univers exploré. ....

Corrigés p . 7-8

7 Connaître les racines carrées

Qu'appelle-t-on « racine carrée d'un nombre positif » et comment l'obtenir ?

Définition

La **racine carrée** d'un nombre **positif** a est le nombre **positif**, noté $\sqrt{a}$, dont le carré est a.

On a donc $\left(\sqrt{a}\right)^2 = a$ et $\sqrt{a} \geqslant 0$. *Exemples :* $\sqrt{9} = 3$; $\sqrt{0} = 0$; $\sqrt{1} = 1$; $\sqrt{16} = 4$.

Calcul et encadrement

- Le tableau des premiers carrés de nombres permet d'obtenir des racines carrées.

n	0	1	2	3	4	5	6	7	8	9	10	11	12
n^2	0	1	4	9	16	25	36	49	64	81	100	121	144

Exemples : $\sqrt{144} = 12$; $\sqrt{49} = 7$.

- Ce tableau permet aussi d'encadrer des racines carrées.

Exemple : $9 < 15 < 16$ donc $3 < \sqrt{15} < 4$.

- Sur la calculatrice, la touche $\sqrt{\ }$ permet d'obtenir des valeurs approchées de racines carrées. *Exemples :* $\sqrt{20} \approx 4{,}47$; $\sqrt{108} \approx 10{,}39$.

★ 1 Trouver ses racines

Compléter.

a. $\sqrt{121} =$ ....

b. $\sqrt{1} =$ ....

c. $\sqrt{0} =$ ....

d. $\sqrt{0{,}0001} =$ ....

e. $\sqrt{256} =$ ....

f. $\sqrt{49} =$ ....

g. $\sqrt{2{,}56} =$ ....

h. $\sqrt{25} =$ ....

i. $\sqrt{16} =$ ....

COUP DE POUCE
Essaie de trouver le résultat de tête avant de prendre la calculatrice.

★ 2 Racines bien encadrées

Encadrer chaque racine par deux entiers consécutifs.

a. ...... $< \sqrt{6} <$ ......

b. ...... $< \sqrt{10} <$ ......

c. ...... $< \sqrt{20} <$ ......

d. ...... $< \sqrt{32} <$ ......

e. ...... $< \sqrt{79} <$ ......

f. ...... $< \sqrt{110} <$ ......

g. ...... $< \sqrt{140} <$ ......

h. ...... $< \sqrt{53} <$ ......

i. ...... $< \sqrt{17} <$ ......

★ 3 Chercher les erreurs

Rayer les égalités fausses.

a. $\sqrt{36} = 6$

b. $\sqrt{0{,}4} = 0{,}2$

c. $\sqrt{0{,}09} = 0{,}3$

d. $\sqrt{0{,}5} = 0{,}25$

e. $\sqrt{0{,}25} = 0{,}5$

f. $\sqrt{20} = 10$

g. $\sqrt{9} = 4{,}5$

h. $\sqrt{121} = 11$

i. $\sqrt{1} = 1$

★ 4 Tableau à compléter

x	9		0,64		25		81	0,16	
$\sqrt{x}$		9		7		25			1

★ 5 **Valeurs approchées**

Donner la valeur arrondie à 10^{-3} près des racines carrées suivantes.

a. $\sqrt{18} \approx$ ....

b. $\sqrt{40} \approx$ ....

c. $\sqrt{2} \approx$ ....

d. $\sqrt{2017} \approx$ ....

e. $\sqrt{7} \approx$ ....

f. $\sqrt{1\,024} =$ ....

g. $\sqrt{99} \approx$ ....

h. $\sqrt{69} \approx$ ....

★★ 6 **Des racines bien rangées**

a. Ranger dans l'ordre croissant les nombres suivants.

9 ; $\sqrt{49}$; 10 ; $\sqrt{50}$; $\sqrt{141}$; 12 ; $\sqrt{24}$; 5 ; $\sqrt{11}$; 11 ; $\sqrt{16}$; $\sqrt{8}$.

....

b. Ranger dans l'ordre décroissant les nombres suivants.

$\sqrt{3}$; 6 ; $\sqrt{34}$; $\sqrt{10}$; 3 ; $\sqrt{2}$; 2 ; $\sqrt{101}$; $\sqrt{64}$; $\sqrt{144}$.

....

★★ 7 **Quelques curiosités**

Compléter et observer.

a. $\sqrt{144} =$ .... $\sqrt{441} =$ ....

b. $\sqrt{12\,769} =$ .... $\sqrt{96\,721} =$ ....

c. $\sqrt{10\,609} =$ .... $\sqrt{90\,601} =$ ....

d. Cette propriété est-elle toujours vérifiée ? (Donner éventuellement des contre-exemples.)

....

e. Il n'est pas très facile de trouver des nombres ayant cette propriété.
Pourtant, il en existe un entre 12 et 20. Lequel ?

....

> **INFO**
> Un contre-exemple est un exemple qui contredit une propriété.

★★ 8 **Les carrés gigognes**

a. La racine carrée d'un entier n'est pas toujours un entier.
Mais, il y a des cas surprenants.
Le nombre 34 225 a une propriété curieuse. Pour la deviner, compléter :

$\sqrt{34\,225} =$ .... ; $\sqrt{4\,225} =$ .... ; $\sqrt{225} =$ .... ; $\sqrt{25} =$ ....

b. Le nombre 275 625 a-t-il la même propriété ? ....

....

c. Même question avec 81 225 puis avec 4 950 625. ....

....

....

> **COUP DE POUCE**
> **b.** Observe l'emboîtement des nombres donnés au **a.**

Corrigés p. 8

8 Découvrir les nombres premiers

Que faut-il savoir sur les nombres premiers ?

Rappel

5 **divise** 30 car $5 \times 6 = 30$. On dit aussi que 5 est un **diviseur** de 30.
Remarque : 1 est un diviseur de tous les nombres entiers.

Définition

Un nombre entier est **premier** s'il a exactement deux diviseurs : 1 et lui-même.

Exemple : 29 n'a que deux diviseurs : 1 et lui-même. On dit que 29 est un **nombre premier.**
Voici la liste des nombres premiers inférieurs à 100 :

2, 3, 5, 7, 11, 13, 17, 19, 23, 29, 31, 37, 41, 43, 47, 53, 59, 61, 67, 71, 73, 79, 83, 89, 97.

Décomposition d'un entier en produit de facteurs premiers

Exemple : On peut écrire 30 comme un produit de nombres premiers : $30 = 2 \times 3 \times 5$.
Propriété des nombres composés, c'est-à-dire non premiers :

Tout nombre entier composé est un produit de facteurs premiers.

Exemple : $504 = 2 \times 2 \times 2 \times 3 \times 3 \times 7$ que l'on écrit $504 = 2^3 \times 3^2 \times 7$.

Méthode pratique :
Soit 492 à décomposer en produit de facteurs premiers.

Les quotients successifs.	Les diviseurs premiers successifs.
492	2
246	2
123	3
41	41
1	

On conclut : $492 = 2^2 \times 3 \times 41$.

★ 1 Attention les derniers pourraient bien être premiers

Entourer les nombres entiers qui ne sont pas premiers.

89 657 79 160 92 225 111 111 143

★ 2 Pour commencer

Décomposer les nombres suivants en produit de facteurs premiers.

294 | 330 | 387 | 546 |

Donc 294 = ... 330 = ... 387 = ... 546 = ...

★ 3 Pour s'entraîner

Même exercice.

60 | 225 | 264 | 1 430 |

Donc 60 = ... 225 = ... 264 = ... 1 430 = ...

4 Avec Scratch : nombre premier ou non ?

a. Assembler le programme ci-contre.
Puis, à l'aide de ce programme, compléter par « premier » ou « composé ».

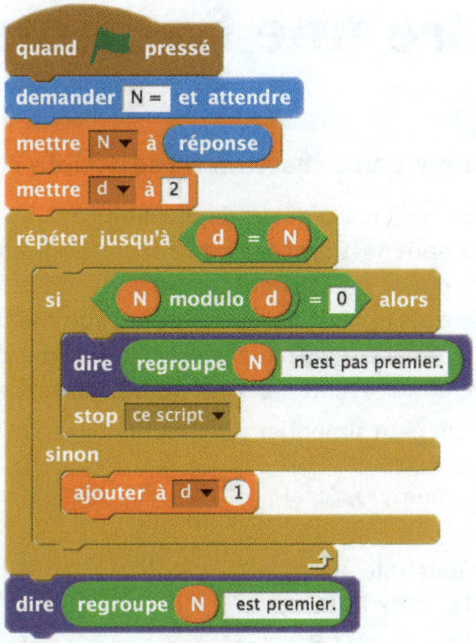

2 017 est ....

2 019 est ....

1 987 654 321 est ....

b. Calculer puis compléter avec « premier » ou « composé ».

$2 + 1 =$ .... : ....

$2 \times 3 + 1 =$ .... : ....

$2 \times 3 \times 5 + 1 =$ .... : ....

$2 \times 3 \times 5 \times 7 + 1 =$ .... : ....

$2 \times 3 \times 5 \times 7 \times 11 + 1 =$ ...... : ....

c. Utiliser le programme pour savoir si l'on obtient toujours un nombre premier en continuant selon le procédé de la question **b**.

5 La conjecture de Goldbach

La conjecture de Goldbach (mathématicien du XVIIIe siècle) affirme que tout nombre entier pair supérieur à 3 est la somme de deux nombres premiers.
Cette propriété n'a toujours pas été démontrée et c'est pour cela qu'on l'appelle « conjecture » au lieu de « théorème ».

a. Compléter avec des nombres premiers.

18 = ... + ... 40 = ... + ... 98 = ... + ...

30 = ... + ... 54 = ... + ...

b. Utiliser le programme de l'exercice 4 pour compléter les égalités suivantes avec des nombres premiers.

2 000 = ... + ... 2 004 = ... + ...

2 002 = ... + ... 2 006 = ... + ...

6 Travail de recherche

1 879 et 9 781 sont des nombres premiers ; 13 et 31 aussi.
Donner d'autres paires de nombres premiers ayant cette propriété « renversante ».

....

....

....

INFO
N modulo *d* est le reste de la division de *N* par *d*.

ATTENTION
Le programme attend un entier $N \geqslant 2$.

INFO
Les solutions ne sont pas uniques.

COUP DE POUCE
Tu peux utiliser le programme de l'exercice 4.

Corrigés p. 9

9 Rendre une fraction irréductible

Comment rendre une fraction irréductible ?

Rappel des principaux critères de divisibilité

- Un nombre entier est divisible par **2** si son chiffre des unités est 0, 2, 4, 6, ou 8.
- Un nombre entier est divisible par **5** si son chiffre des unités est 0 ou 5.
- Un nombre entier est divisible par **3** si la somme de ses chiffres est divisible par 3.
- Un nombre entier est divisible par **9** si la somme de ses chiffres est divisible par 9.
- Un nombre entier est divisible par **10** si son chiffre des unités est 0.

Application : On peut simplifier une fraction lorsque ses deux termes sont divisibles par un même nombre. Ainsi : $\frac{k \times a}{k \times b} = \frac{a}{b}$ (avec $k \neq 0$ et $b \neq 0$).

Fraction irréductible

Exemples : $\frac{14}{16} = \frac{2 \times 7}{2 \times 8} = \frac{7}{8}$. On ne peut plus simplifier. La fraction $\frac{7}{8}$ est **irréductible**.

$\frac{13}{15}, \frac{16}{17}$ et $\frac{24}{1}$ (qui vaut 24) sont aussi des fractions irréductibles.

Rendre une fraction irréductible

- **Méthode 1.** On utilise directement les critères de divisibilité.

Exemple : $\frac{1080}{1260} = \frac{108}{126} = \frac{54}{63} = \frac{6}{7}$. On a utilisé les critères de divisibilité par 10, 2 et 9.

- **Méthode 2.** On décompose le numérateur et le dénominateur en facteurs premiers.

Exemple : Simplifions la fraction $\frac{315}{378}$.

$315 = 3^2 \times 5 \times 7$ et $378 = 2 \times 3^3 \times 7$ (voir chapitre 8).

Donc $\frac{315}{378} = \frac{3 \times 3 \times 5 \times 7}{2 \times 3 \times 3 \times 3 \times 7} = \frac{5}{6}$.

★ 1 Avec les critères de divisibilité

Rendre les fractions suivantes irréductibles (faire les calculs au brouillon).

a. $\frac{273}{210}$ = ... **c.** $\frac{1\,980}{2\,340}$ = ... **e.** $\frac{840}{756}$ = ...

b. $\frac{4\,080}{3\,120}$ = ... **d.** $\frac{5\,346}{7\,128}$ = ... **f.** $\frac{1\,575}{2\,475}$ = ...

★ 2 Tableaux d'irréductibles

Compléter les tableaux suivants avec des fractions irréductibles.

Dénominateur \ Numérateur	4	6	7	10
2				
3			$\frac{7}{3}$	
4				
5				

Dénominateur \ Numérateur	3	28	36	5
2				
35				
27				
12				

COUP DE POUCE
Ici, tu peux simplifier mentalement.

★ 3 Des fractions bien étranges

a. Soit a la fraction $\frac{364}{280}$ et b la fraction $\frac{3+6+4}{2+8+0}$ obtenue en ajoutant les chiffres du numérateur puis ceux du dénominateur. Simplifier la fraction a et en déduire que $a = b$.

b. Même travail pour $\frac{392}{224}$.

c. Puis pour $\frac{714}{952}$.

★ 4 Avec des facteurs premiers

a. Donner la décomposition en produit de facteurs premiers de 264 et de 252.

$264 =$ ……… $252 =$ ………

Rendre irréductible la fraction $\frac{264}{252} =$ ………

b. Même travail pour 592 et 518.

$592 =$ ……… $518 =$ ………

Et pour la fraction $\frac{592}{518} =$ ………

> **COUP DE POUCE**
> Pour les exercices **4** et **5**, effectue les décompositions sur une feuille de brouillon.

★ 5 Avec des facteurs premiers (bis)

a. Rendre irréductible la fraction $\frac{8\,085}{1\,638} =$ ………

b. Rendre irréductible la fraction $\frac{1\,092}{728} =$ ………

★★ 6 Avec Scratch : grands nombres

Soit la fraction $F = \frac{3\,124\,611\,669}{3\,130\,744\,371}$.

a. F est-elle irréductible ? (Justifier.)

b. Assembler le programme informatique ci-contre. (Ne pas oublier de créer les variables N et d, ainsi que la liste *Fact Prem*.) Utiliser ce programme pour décomposer en produit de facteurs premiers le numérateur et le dénominateur de F.

c. Rendre irréductible la fraction F.

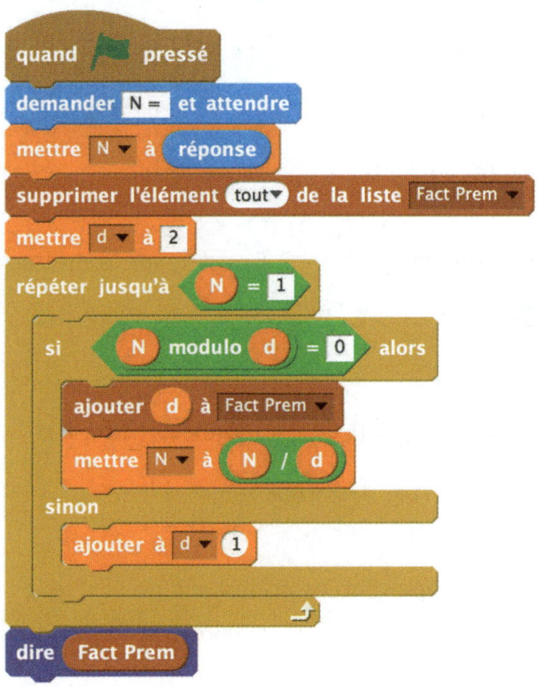

> **ATTENTION**
> Le programme attend un entier $N \geqslant 2$.

> **INFO**
> L'instruction « supprimer … » a pour effet de vider la liste *Fact Prem*.

Corrigés p. 9-10

10 Utiliser une fonction linéaire

Qu'est-ce qu'une fonction linéaire ?

Exemple de fonction linéaire

Considérons deux suites de nombres proportionnels.

x	– 3	0	1	2	5
y	– 7,5	0	2,5	5	12,5

× 2,5

• Si on appelle x les nombres de la 1re ligne et y ceux de la 2de ligne, on a $y = 2{,}5 \times x$.
On dit qu'on passe de x à y par la fonction linéaire dont le **coefficient directeur** est 2,5.
Cette fonction linéaire se note $x \mapsto 2{,}5x$.

$f(-3)$ se prononce « f de – 3 ».

• Si on appelle f cette fonction linéaire, on écrit : $f(-3) = -7{,}5$
$f(0) = 0$ $f(1) = 2{,}5$ $f(2) = 5$ et plus généralement $f(x) = 2{,}5x$.

• On dit que – 7,5 est l'**image** de – 3 et, de façon plus générale, que $2{,}5x$ est l'image de x.
On dit aussi que – 7,5 a pour **antécédent** – 3.

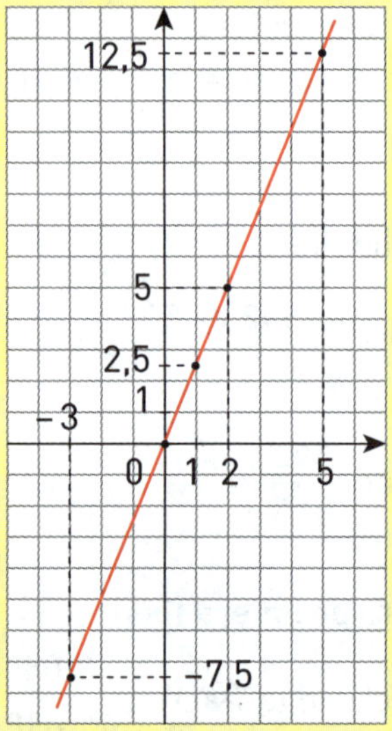

Représentation graphique d'une fonction linéaire

On représente les x sur l'axe des abscisses et les images y sur l'axe des ordonnées.

Propriété

> La représentation graphique d'une fonction linéaire est une droite passant par l'origine.

La droite ci-contre représente la fonction linéaire $x \mapsto 2{,}5x$.
Son coefficient directeur est 2,5.

1 Questions sur la fonction linéaire étudiée ci-dessus

a. Sur le graphique, lire l'image de 4 : $f(4) =$ ....

Puis l'image de 3 : $f(3) =$ .... Et l'image de – 2 : $f(-2) =$ ....

b. Calculer les images suivantes :

$f(0{,}3) =$ .... $f(2{,}5) =$ .... $f(12) =$ ....

c. Le point de coordonnées (– 1 ; – 2,5) est-il sur la droite représentant la fonction linéaire $x \mapsto 2{,}5x$? ....

Pourquoi ? ....

d. Même question avec le point de coordonnées (2,5 ; 6).

....

COUP DE POUCE
b. N'oublie pas que $f(x) = 2{,}5x$.
c. A-t-on : $f(-1) = -2{,}5$?
d. A-t-on : $f(2{,}5) = 6$?

2 Contre-exemples

Pourquoi les fonctions représentées ci-dessous ne sont-elles pas linéaires ?

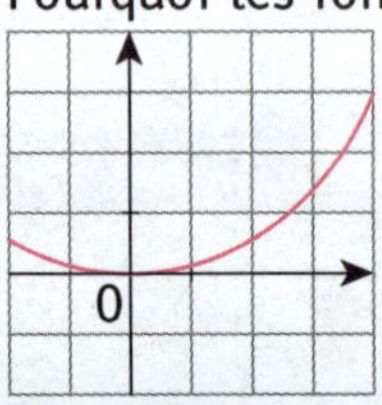

....
....

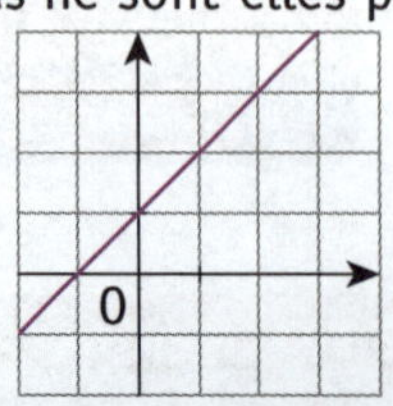

....
....

★ 3 Étude d'une fonction linéaire

On considère la fonction linéaire $x \mapsto -\frac{1}{2}x$.

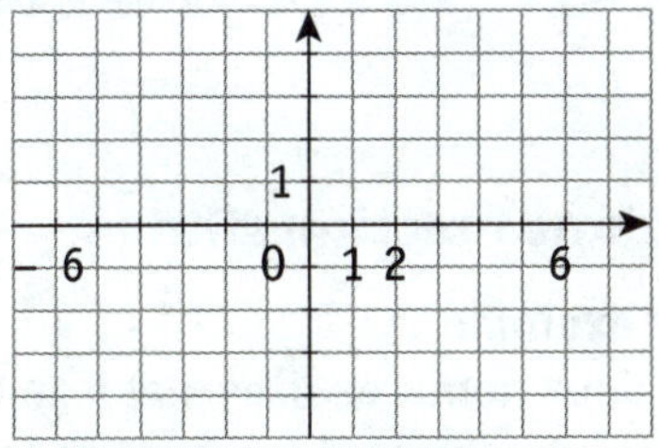

a. Compléter le tableau de valeurs.

x	0	1	2	6	− 1	− 3	− 6
$-\frac{1}{2}x$							

b. Dessiner la représentation graphique de cette fonction.

c. Lire sur le graphique : l'image de 4 : .... l'image de − 2 : ....

l'antécédent de 2 : .... l'antécédent de 3 : ....

d. Calculer : l'image de 3,6 : .... l'image de −1,6 : ....

l'image de 26 : .... l'image de −15 : ....

★ 4 Marions-les !

Voici, dans le désordre, les représentations graphiques des quatre fonctions linéaires f, g, h, k suivantes : $f : x \mapsto 2x$, $g : x \mapsto \frac{1}{2}x$, $h : x \mapsto -x$, $k : x \mapsto -2x$.

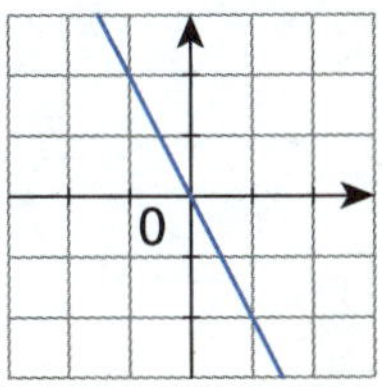

......

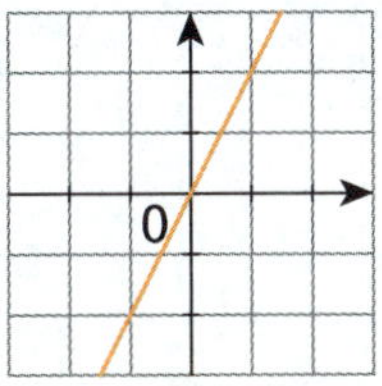

......

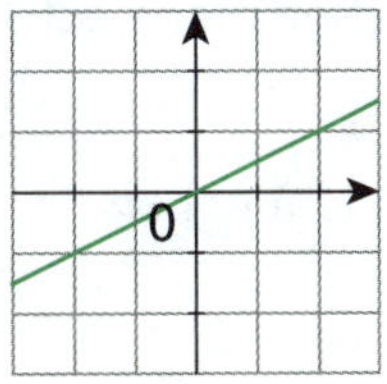

......

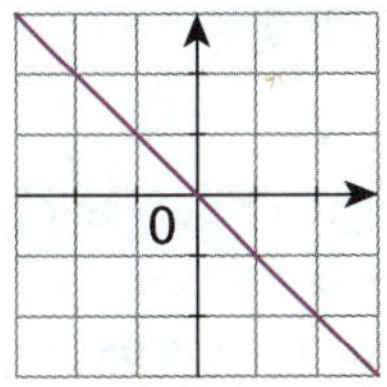

......

Inscrire, sur les pointillés, le nom de la fonction linéaire correspondant au dessin.

COUP DE POUCE
Tu peux calculer $f(1)$ et chercher le graphique correspondant à cette valeur.

Comment ajouter ou enlever un pourcentage ?

Règle de calcul

> Pour augmenter de 5 %, on multiplie par 1,05.
> Pour diminuer de 3%, on multiplie par 0,97.

Ainsi, pour augmenter 150 de 6 %, on calcule $150 \times 1{,}06 = 159$.
Et, pour diminuer 250 de 12 %, on calcule $250 \times 0{,}88 = 220$.

★★ 5 Variations en pourcentage

a. J'arrive trop tard ! Un DVD qui valait 23 € jusqu'à hier coûte maintenant 10 % de plus.

Son nouveau prix est : ....

b. J'ai bien fait d'attendre ! Un pantalon affiché 35 € est maintenant 15 % moins cher.

Son nouveau prix est : ....

c. L'an passé, il y avait 550 élèves au collège. Cet effectif a augmenté de 20 % cette année et il va diminuer de 25 % l'année prochaine.

Le nombre d'élèves sera alors : ....

Corrigés p. 11

11 Utiliser une fonction affine

Qu'est-ce qu'une fonction affine ?

Définition et exemple

Étant donné deux nombres fixés a et b, la fonction $x \mapsto ax + b$ est appelée fonction affine.

Exemple : Voici un tableau de valeurs de la fonction affine $x \mapsto -2x + 3$.

x	1	0	4	– 1	– 2	3
y	1	3	– 5	5	7	– 3

Image de x

Si on appelle f cette fonction affine, on peut écrire : $f(1) = 1$, $f(0) = 3$, $f(4) = -5$...

« L'image de 4 est – 5 » peut s'écrire « $f(4) = -5$ ».

On dit aussi que 4 est un **antécédent** de – 5.

Représentation graphique d'une fonction affine

À partir du tableau de valeurs précédent, on place des points de coordonnées (x ; y) et on trace la droite ci-contre.

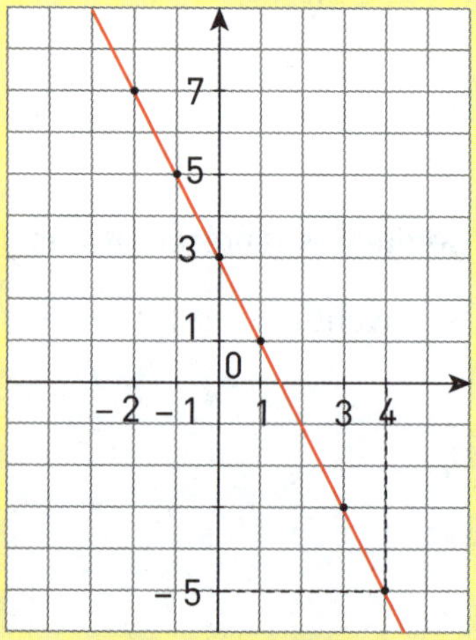

Propriété

La représentation graphique d'une fonction affine est une droite.

Exemple : La droite ci-contre représente la fonction affine $x \mapsto -2x + 3$.

Son **coefficient directeur** est – 2.

Son **ordonnée à l'origine** est 3.

1 Questions sur la fonction affine étudiée ci-dessus

a. Sur le graphique, lire l'image de 2 : $f(2) =$ ....

Puis l'image de 0,5 : $f(0,5) =$ .... Et l'image de –1,5 : $f(-1,5) =$ ....

b. Calculer les images suivantes.

$f(2,4) =$ .... $f(0,3) =$ .... $f(-7) =$ ....

c. Le point de coordonnées (2,4 ; – 1,7) est-il sur la droite représentant la fonction affine $x \mapsto -2x + 3$? Pourquoi ? ....

....

d. Mêmes questions pour le point de coordonnées (0,3 ; 2,4).

....

e. La droite passe-t-elle par le point de coordonnées (10 ; – 17) ? Pourquoi ?

....

f. Mêmes questions pour le point de coordonnées (– 7 ; 18).

....

COUP DE POUCE

b. N'oublie pas que $f(x) = -2x + 3$

c. A-t-on $f(2,4) = -1,7$?

d. A-t-on $f(0,3) = 2,4$?

★ 2 Étude d'une fonction affine

On considère la fonction affine $x \mapsto x - 2$.

a. Compléter le tableau de valeurs.

x	0	1	2	4	5	− 1	− 2
$x - 2$							

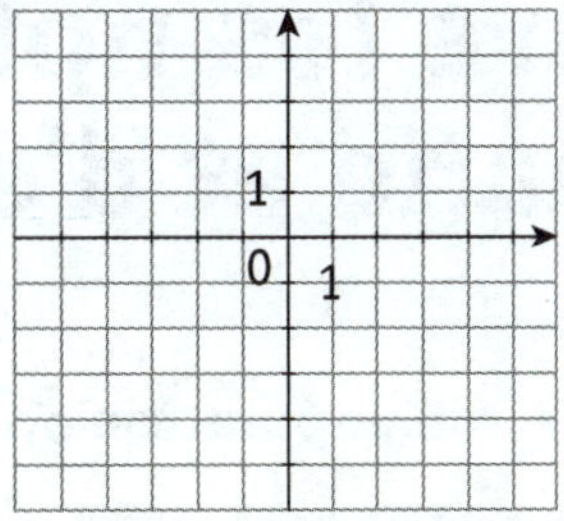

b. Dessiner la représentation graphique.

c. Lire sur le graphique :

l'image de 3 : ....

l'image de 6 : ....

l'antécédent de − 5 : ....

l'antécédent de 2 : ....

d. Calculer :

l'image de 1,5 : ....

l'image de − 0,5 : ....

l'image de 50 : ....

l'image de − 20 : ....

★ 3 On recherche *a* (coefficient directeur)

Une fonction affine f est définie par $x \mapsto ax + 3$. D'autre part, $f(-1) = 7$.

Calculer le coefficient a. ....

....

COUP DE POUCE
Résous une petite équation, ayant pour inconnue *a*.

★★ 4 On recherche *b* (ordonnée à l'origine)

Une fonction affine g est définie par $x \mapsto -2x + b$. D'autre part, $g(-1) = 7$. Calculer b.

....

★★ 5 On recherche *a* et *b*

Une fonction affine h est définie par $x \mapsto ax + b$.

D'autre part $h(0) = 5$ et $h(3) = 2$. Déterminer b puis a. ....

....

Y a-t-il des fonctions affines particulières ?

- Une fonction **linéaire** est une fonction affine définie par $x \mapsto ax$. *(Le nombre b est nul.)*
- Une fonction **constante** est une fonction affine définie par $x \mapsto b$. *(Le coefficient a est nul.)*

★ 6 Fonctions linéaires, fonctions constantes

Parmi les fonctions affines suivantes, indiquer les fonctions linéaires par un « L » et les fonctions constantes par un « C ».

$x \mapsto 3 - x$ ....

$x \mapsto -5$ ....

$x \mapsto 2 + 2x$ ....

$x \mapsto 3x$ ....

$x \mapsto \dfrac{4}{11}$ ....

$x \mapsto -\dfrac{4}{5}x$ ....

Corrigés p. 11-12

GESTION DE DONNÉES, FONCTIONS

12 Connaître les notions de médiane et d'étendue

Comment partager une population en deux moitiés ?

Exemple : Voici la répartition des notes d'un devoir donné dans la classe de 3e A.

Note	5	6	7	9	10	11	12	14	17	19
Effectif	1	1	4	5	1	2	3	1	4	2
Effectif cumulé	1	2	6	11	12	14	17	18	22	24

L'effectif de la classe est 24.

12 élèves ont moins de 10,5 — M_e — 12 élèves ont plus de 10,5

- Une note **médiane** permet de séparer la classe en deux moitiés de même effectif. On peut choisir 10,5 comme note médiane : $M_e = 10,5$.
- L'**étendue** est la différence entre la note la plus haute et la note la plus basse : $e = 19 - 5 = 14$.

★ 1 Ne pas confondre

a. Calculer la moyenne des notes données dans l'exemple ci-dessus.

....

b. Cette moyenne peut-elle être une note médiane ?

....

COUP DE POUCE
a. C'est une moyenne pondérée par les effectifs.

★ 2 Chiffres d'affaires

Voici les chiffres d'affaires quotidiens (en milliers d'euros) réalisés par un magasin, sur une période de 100 jours.

Chiffre d'affaires	1,3	1,4	1,6	1,8	1,9	2	2,1	2,2	2,3	2,5
Nombre de jours	3	9	13	12	6	7	5	20	15	10
Effectif cumulé										

a. Compléter le tableau avec les effectifs cumulés.

b. Donner un chiffre d'affaires médian. ....

c. Calculer la moyenne des chiffres d'affaires. ....

Cette moyenne peut-elle être une valeur médiane ? ....

d. Indiquer l'étendue en précisant l'unité. ....

e. Est-il vrai que 50 % des chiffres d'affaires sont supérieurs à 2 milliers d'euros ? Justifier.

....

....

COUP DE POUCE
b. Observe l'exemple donné en haut de page. Les effectifs cumulés aident à déterminer la médiane.

3 Vitesse limitée

On a noté, chaque jour, le nombre de véhicules ayant dépassé la vitesse autorisée dans un village, sur une période de 12 jours :

11 ; 15 ; 20 ; 14 ; 16 ; 18 ; 11 ; 21 ; 13 ; 14 ; 16 ; 20.

Ainsi, le 1er jour 11 véhicules sont en infraction.

a. Compléter le tableau en ordonnant par ordre croissant les valeurs données.

Nombre de véhicules	11	13						
Effectif	2	1						
Effectif cumulé	2	3						

b. Proposer une valeur pour la médiane. Préciser l'étendue.

Médiane = ... Étendue = ...

c. Calculer la moyenne de cette série.

....

....

d. Cette moyenne peut-elle être choisie comme médiane ?

....

....

4 À la fraîche

On a relevé à 8 h du matin, pendant plusieurs jours, les températures matinales au mois de juin.

a. Compléter le tableau suivant.

Température (en °C)	9	11	12	13	15	17
Effectif	2	5	6	4	2	1
Effectif cumulé						

b. Indiquer l'effectif total et calculer l'étendue (préciser l'unité). ....

....

c. Calculer la température moyenne m :

m = ...

d. Pendant combien de jours la température a-t-elle été inférieure à m ? ....

m peut-elle être une valeur médiane ? ....

e. Proposer une valeur médiane M_e.

M_e = ...

Corrigés p. 12-13

13 Calculer des probabilités

Qu'appelle-t-on événements incompatibles, événements contraires ?

Événements incompatibles

On tire au hasard un nombre entier entre 3 et 12, extrémités incluses, par exemple avec un logiciel. Les dix résultats possibles sont équiprobables.
On note A l'événement : « obtenir un nombre premier »,
et B l'événement : « obtenir un nombre pair ».
Les événements A et B n'ont **aucune éventualité en commun**.
On dit que A et B sont **incompatibles**.

Rappel : Comme A = {3 ; 5 ; 7 ; 11} alors la probabilité de A est $P(\text{A}) = \frac{4}{10} = 0{,}4 = 40\ \%$,

d'après la formule $\boxed{P(\text{A}) = \frac{\text{nombre de cas favorables}}{\text{nombre de cas possibles}}}$

Événements contraires

On tire au hasard une carte parmi les 8 cartes de cœur.
On appelle A l'événement : « obtenir une carte avec un nombre »,
donc A = {7 ; 8 ; 9 ; 10 ; 1}.
L'événement **contraire** de A est l'événement : « obtenir une figure ». On le note $\overline{\text{A}}$.
Alors $\overline{\text{A}}$ = {valet ; dame ; roi}. De plus, $P(\text{A}) = \frac{5}{8}$ et $P(\overline{\text{A}}) = \frac{3}{8}$, et l'on a $\boxed{P(\text{A}) + P(\overline{\text{A}}) = 1}$.

Ce résultat est vrai dès que l'on a deux événements contraires.

1 Tableau

On donne le tableau ci-contre. On choisit au hasard une case de ce tableau.

♥	♠	♣	♥
♦	♥	♠	♦
♠	♦	♠	♦
♣	♥	♣	♥

a. Donner, sous forme décimale :

- la probabilité d'obtenir un cœur ....
- la probabilité d'obtenir un pique ....

b. On appelle A l'événement : « obtenir un dessin rouge ».

Donner $P(\text{A})$ = ...

Définir $\overline{\text{A}}$: ....

Calculer $P(\overline{\text{A}})$ = ...

2 La classe de 3e A

Dans la classe de 3e A, il y a 24 élèves dont 16 filles. Théa et Max sont dans cette classe.
Le professeur de mathématiques prend un nom au hasard.

a. Donner la probabilité qu'il s'agisse de Max. ....

b. Donner la probabilité qu'il s'agisse d'un garçon. ....

c. Donner la probabilité qu'il ne s'agisse pas de Théa. ....

d. On appelle G l'événement : « le professeur appelle un garçon » et F : « le professeur appelle une fille ». Entourer la ou les bonnes réponses.

G et F sont deux événements : certains   contraires   impossibles   incompatibles

★★ 3 Crayons de couleurs

Pour colorier la maison ci-contre, on choisit au hasard 2 crayons de couleurs différentes parmi : rouge, bleu, jaune, orange et vert.
Le toit et la façade doivent être de couleurs différentes.

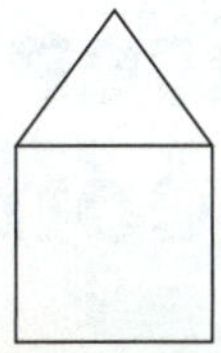

a. Compléter le tableau ci-contre.

b. Donner la probabilité de l'événement « la façade est jaune et le toit est rouge ».

....

Façade \ Toit	R	B	J	O	V
R					
B	B R	╳			
J					
O					
V					

c. Donner la probabilité de l'événement : « le vert n'a pas été utilisé ».

....

d. Donner la probabilité de l'événement : « le toit est rouge ». ....

e. Les événements A : « la façade est orange » et B : « le toit est jaune » sont-ils incompatibles ? Justifier. ....

★ 4 Pile ou face

Kevin a lancé 3 fois une pièce bien équilibrée.
Pour représenter tous les résultats possibles, il utilise l'arbre ci-contre.

a. Compléter cet arbre.

b. Quelle est la probabilité d'obtenir 3 fois piles ?

....

c. Quelle est la probabilité d'obtenir 2 fois piles et 1 fois face, dans n'importe quel ordre ?

....

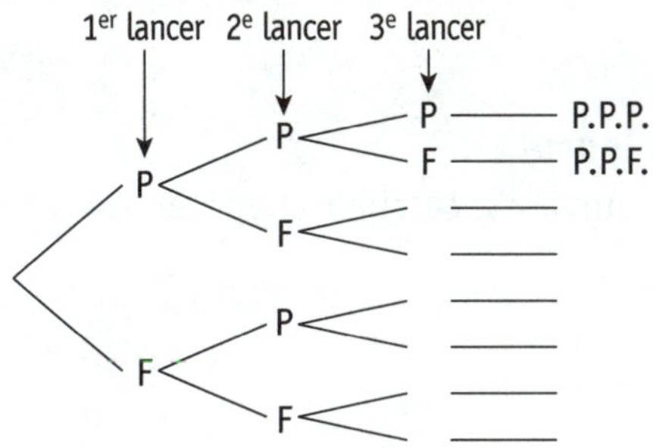

d. Quelle est la probabilité d'obtenir autant de fois pile que de fois face ? ....

★★ 5 Avec Scratch : des fréquences aux probabilités

a. Assembler le programme informatique ci-contre.
L'opérateur `nombre aléatoire entre 1 et 6` donne un entier entre 1 et 6, extrémités comprises.

Que contient la variable *d* ? ....

....

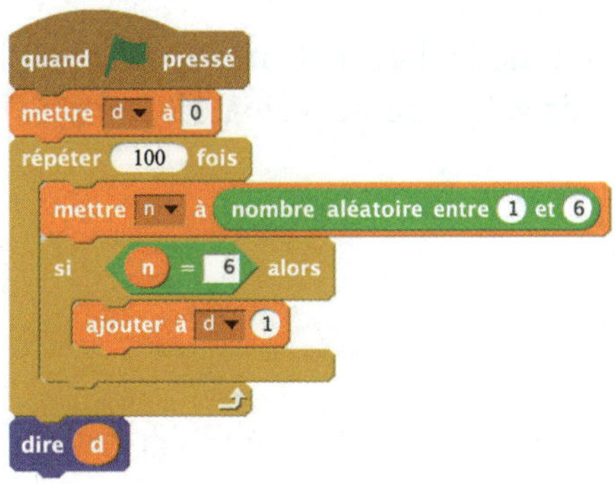

b. Afin de compléter le tableau ci-dessous, exécuter 3 fois le programme.
Puis l'exécuter 3 fois après avoir modifié le nombre de répétitions de la boucle : « répéter 1 000 fois », puis 3 fois avec « répéter 10 000 fois ».

Nombre de répétitions	100	100	100	1 000	1 000	1 000	10 000	10 000	10 000
***d* (nombre de 6)**									
Fréquence en %									

c. Quelle est la probabilité d'obtenir le 6 quand on lance un dé à 6 faces ? ....

d. Que constate-t-on ? ....

INFO
L'expression « au hasard » suggère que les choix sont équiprobables.

COUP DE POUCE
b. Détermine d'abord le nombre de cas possibles.

INFO
Avec une pièce bien équilibrée, pile et face sont équiprobables.

INFO
« Aléatoire » signifie « au hasard ».

Corrigés p. 13-14

14 Utiliser des racines carrées en géométrie

Quelle est la propriété la plus remarquable des triangles rectangles ?

Théorème de Pythagore

Si ABC est un triangle rectangle en A alors $AB^2 + AC^2 = BC^2$.

Réciproque

Soit ABC un triangle. Si $BC^2 = AB^2 + AC^2$ alors ABC est un triangle rectangle en A.

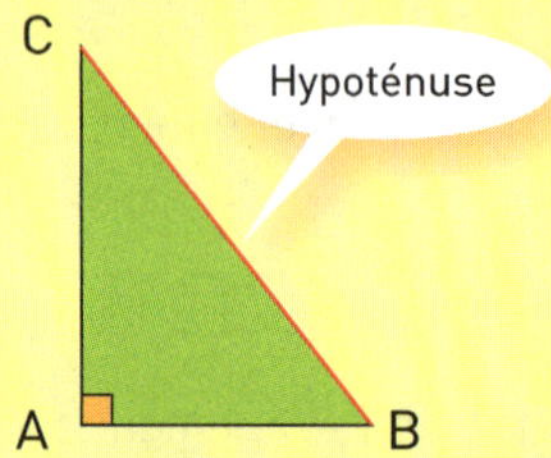

Exemple

Soit ABC un triangle avec $AB = 1$, $AC = 2$ et $BC = \sqrt{5}$. Démontrer que ABC est rectangle en A.

On a $AB^2 = 1$ et $AC^2 = 4$; $BC^2 = \left(\sqrt{5}\right)^2 = 5$.

Comme $AB^2 + AC^2 = 1 + 4 = BC^2$, alors ABC est rectangle en A, d'après la réciproque du théorème de Pythagore.

★ **1 Calcul de l'hypoténuse**

Dans les deux cas suivants, calculer l'hypoténuse du triangle ABC rectangle en A.

a. $AB = 12$ et $AC = 5$ ....

b. $AB = \sqrt{5}$ et $AC = \sqrt{11}$ ....

★ **2 Diagonale d'un carré**

Calculer la longueur de la diagonale d d'un carré de 7 m de côté (valeur exacte, puis valeur approchée à 0,01 m près).

....

COUP DE POUCE

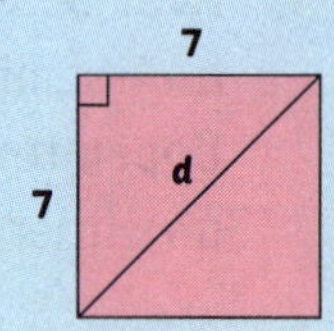

★★ **3 Périmètre d'un carré**

Déterminer le périmètre d'un carré d'aire $72{,}25\ cm^2$.

....

★★ **4 Est-il rectangle ?**

Soit ABC un triangle tel que $AB = \sqrt{12}$, $AC = \sqrt{13}$ et $BC = 5$.

Ce triangle est-il rectangle ? ....

★★ 5 Triangle isocèle ?

Les points A, B et C sont sur les nœuds d'un quadrillage à mailles carrées.
Le côté de chaque petit carré mesure 1 unité.

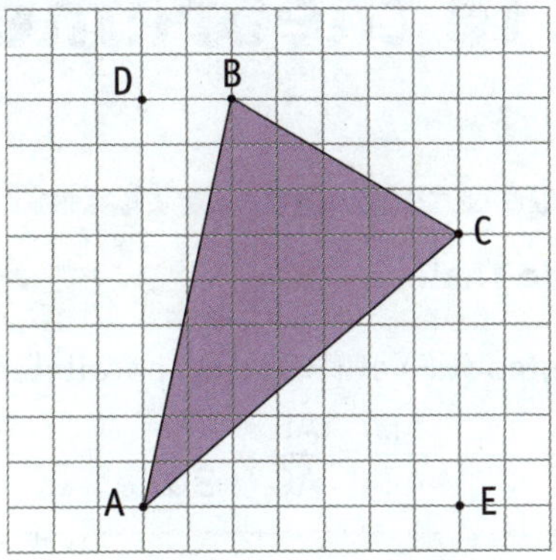

a. Calculer AB (à l'aide du triangle ADB).

....

b. Calculer AC (à l'aide du triangle AEC).

....

c. Le triangle ABC est-il isocèle ? ....

> **COUP DE POUCE**
> Inutile de chercher une valeur approchée de ces distances. Tu peux les laisser sous la forme $\sqrt{\dots}$.

★★ 6 Hauteurs d'un triangle

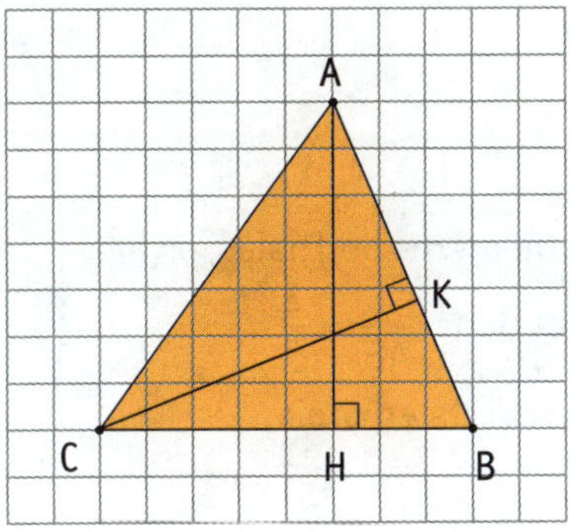

a. Combien mesurent la base [CB] et la hauteur [AH] du triangle CAB ?
(Le côté d'un carré du quadrillage mesure 1 unité.)

CB = ...   AH = ...

b. Calculer l'aire du triangle CAB.

....

c. Calculer la longueur du côté [AB].

AB^2 = ... Donc AB = ...

d. En déduire la longueur de la hauteur [CK] (valeur exacte et valeur arrondie à 0,01 près).

....

....

★ 7 Calcul de la hauteur d'un triangle équilatéral

On donne le triangle équilatéral RAS de côté 8 cm.
Calculer la hauteur [AH] (valeur exacte et valeur arrondie à 0,01 près).

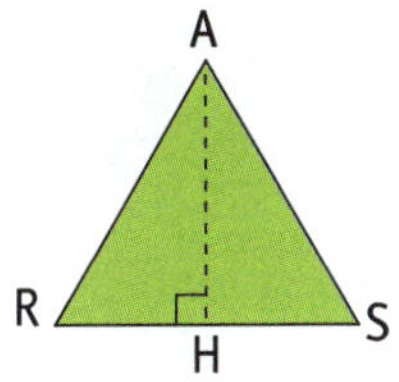

....

....

....

★★ 8 Triangle équilatéral dans un cube

Dans un cube de côté 5 cm, on considère le triangle équilatéral ABC (voir figure).
Calculer le côté AB du triangle équilatéral ABC.
(Donner une valeur arrondie à 0,01 près.)

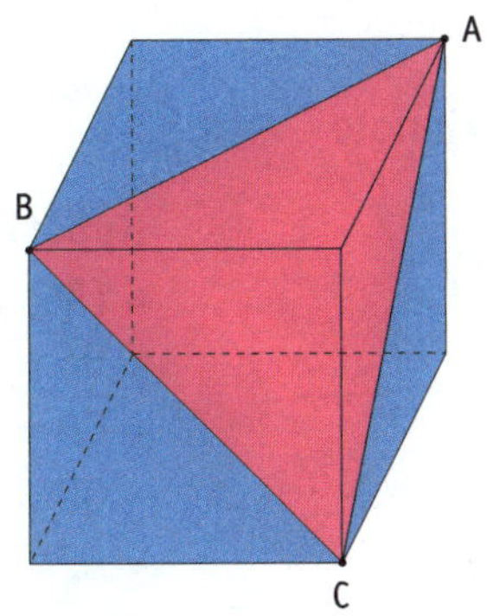

....

....

Corrigés p. 14-15

15 Calculer des longueurs avec le théorème de Thalès

Qu'est-ce que le théorème de Thalès ?

Théorème de Thalès

Si les droites (EF) et (BC) sont parallèles, alors

$$\frac{AE}{AB} = \frac{AF}{AC} = \frac{EF}{BC}$$

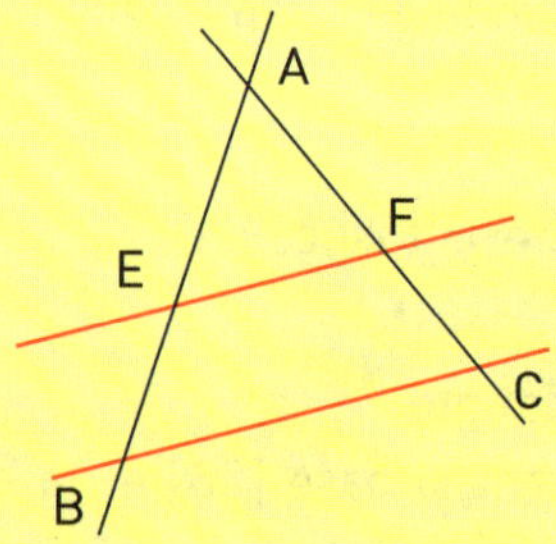

Un exemple de calcul

Calculer AB sachant que :

(EF) // (BC)

AE = 4

AF = 3

AC = 9

• D'après le théorème de Thalès, on a : $\frac{AE}{AB} = \frac{AF}{AC}$ et donc $\frac{4}{AB} = \frac{3}{9}$.

• Avec les produits en croix, on obtient :

3 × AB = 4 × 9 = 36.

• D'où $AB = \frac{36}{3} = 12$.

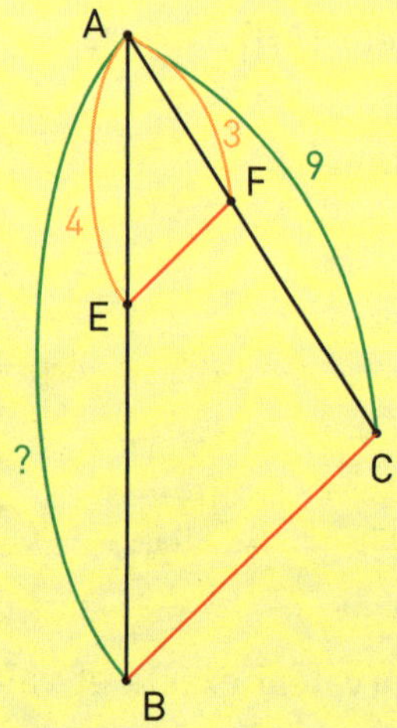

Rappel : si $\frac{a}{b} = \frac{c}{d}$ alors $a \times d = b \times c$.

Quand deux quotients sont égaux, les produits en croix sont égaux.

Exemple : $\frac{8}{12} = \frac{2}{3}$ et on constate que 8 × 3 = 12 × 2.

1 Dans un triangle ABC

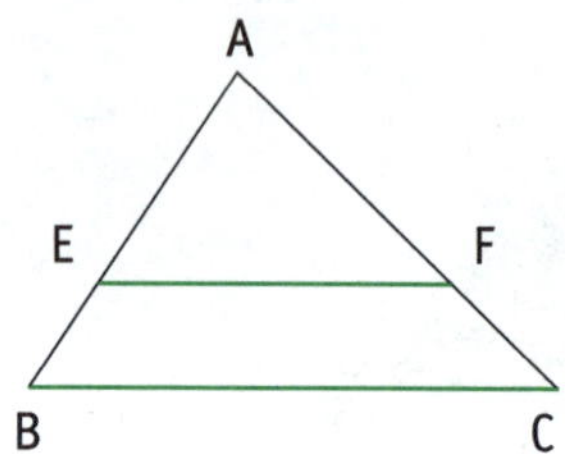

Hypothèses :

- (EF) // (BC)
- AE = 3
- AF = 4
- AC = 6
- BC = 7

a. Calculer AB. ....

....

....

b. Calculer EF. ....

....

....

ATTENTION La figure n'est pas à l'échelle.

2 Dans un autre triangle

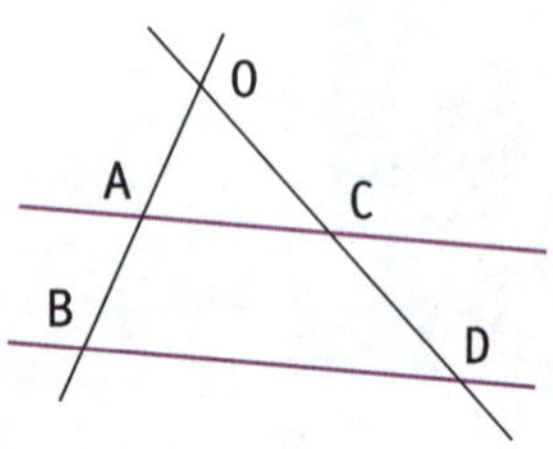

Hypothèses :

- (AC) // (BD)
- OA = 3
- OB = 9
- OC = 2
- AC = 4

a. Calculer OD. ....

....

....

b. Calculer BD. ....

....

....

ATTENTION La figure ne représente pas le vrai triangle.

★ 3 Avec un X

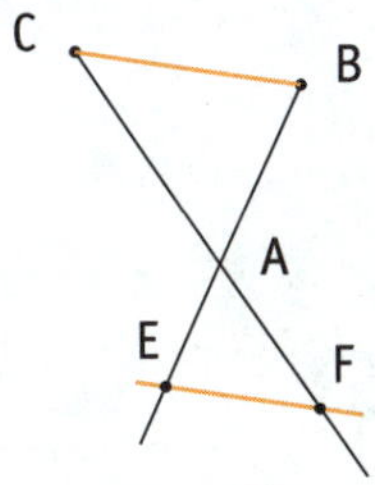

Hypothèses :

- (EF) // (BC)
- AB = 3
- EF = 2
- AC = 4
- BC = 3

a. Calculer AE.

b. Calculer AF.

★★ 4 Avec un tableau

Sachant que les droites en couleur sont parallèles, compléter le tableau.

t	*h*	*a*	*ℓ*	*e*	*s*
5		2	3		7
12	8		5	4	
	28	30		36	45

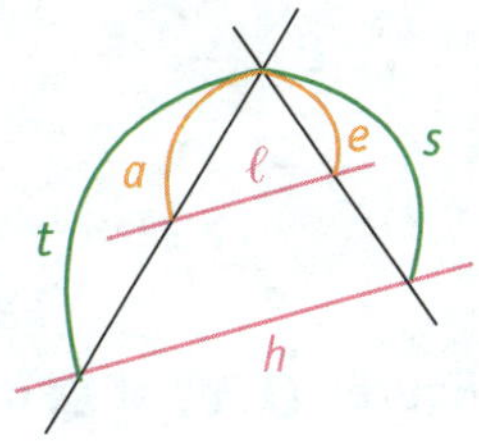

> **COUP DE POUCE**
> Fais les calculs au brouillon.

★★ 5 Un jour à la montagne

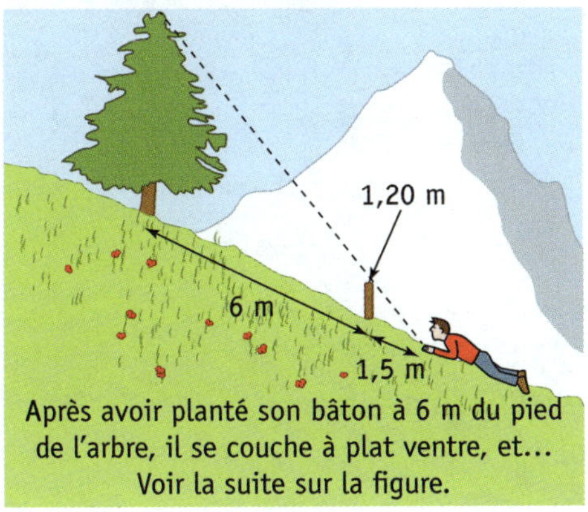

Calculer la hauteur du sapin.

> **COUP DE POUCE**
> Soit *s* la hauteur du sapin.

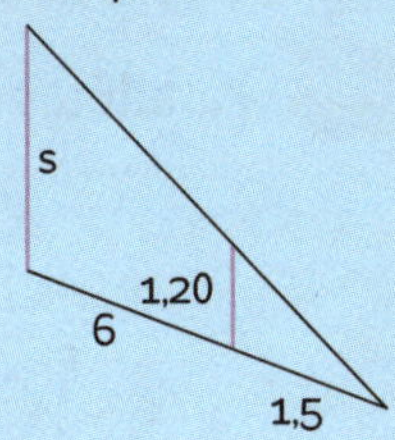

★★ 6 Un autre jour près d'un donjon

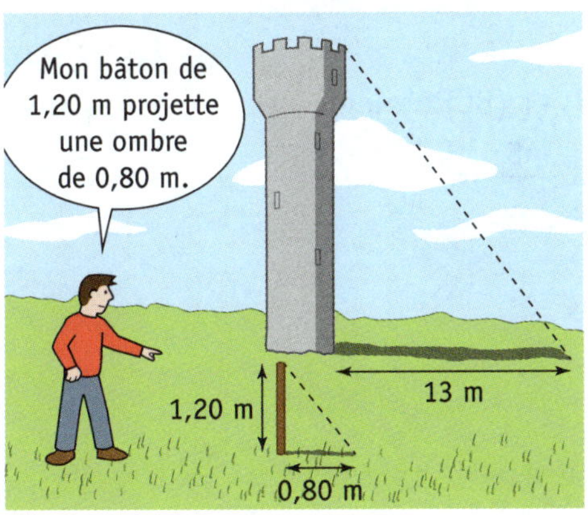

Calculer la hauteur du donjon.

> **COUP DE POUCE**
> Soit *d* la hauteur du donjon.

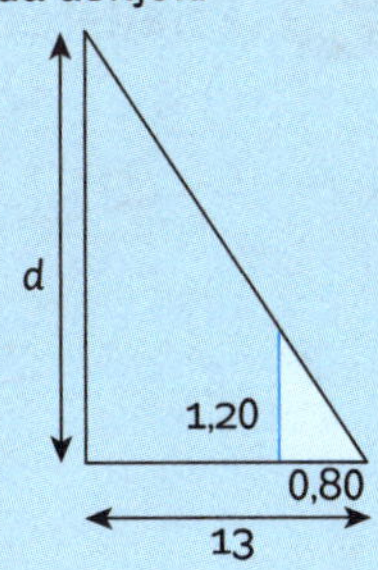

Corrigés p. 15-16

16 Démontrer que deux droites sont parallèles

Comment démontrer que deux droites sont parallèles ?

Théorème réciproque de Thalès

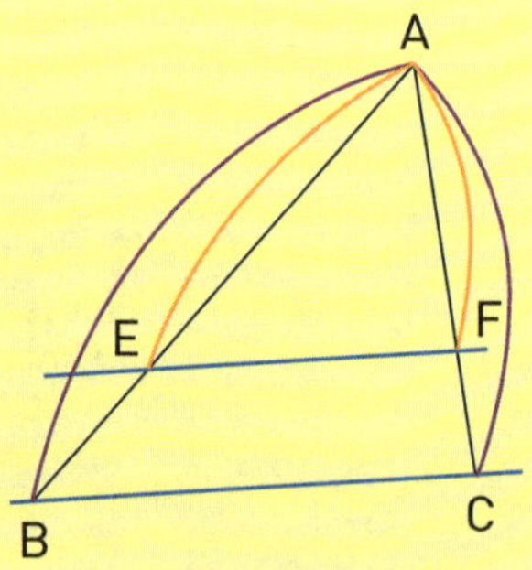

Cas ❶

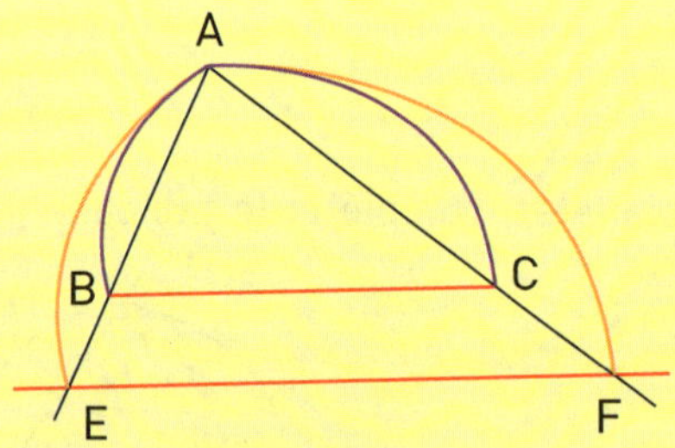

Cas ❷

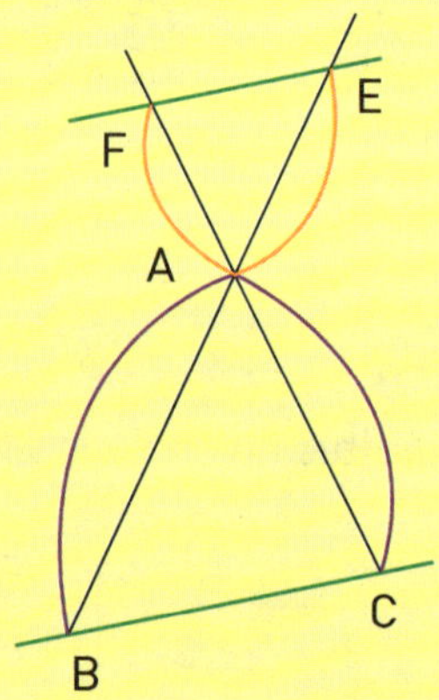

Cas ❸

Dans chacun des cas de figures ❶, ❷ et ❸ on a :

Si $\dfrac{AE}{AB} = \dfrac{AF}{AC}$ alors les droites (EF) et (BC) sont parallèles.

★ 1 Parallèles ou non ? (1)

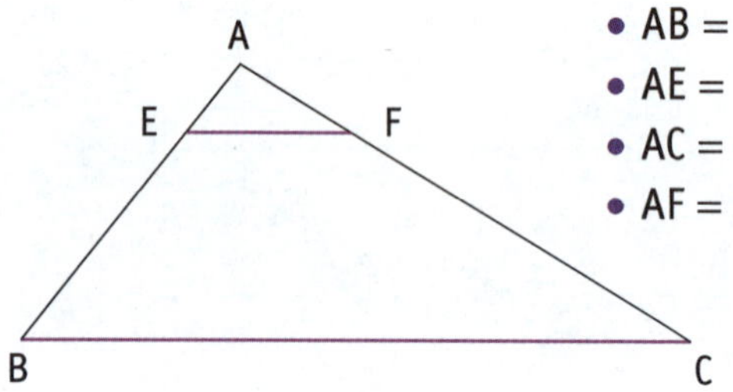

Hypothèses :
- AB = 4 cm
- AE = 1 cm
- AC = 6 cm
- AF = 1,5 cm

a. Calculer.

$\dfrac{AE}{AB}$ = ...

$\dfrac{AF}{AC}$ = ...

b. Les droites (EF) et (BC) sont-elles parallèles ? Pourquoi ?

....

....

★ 2 Parallèles ou non ? (2)

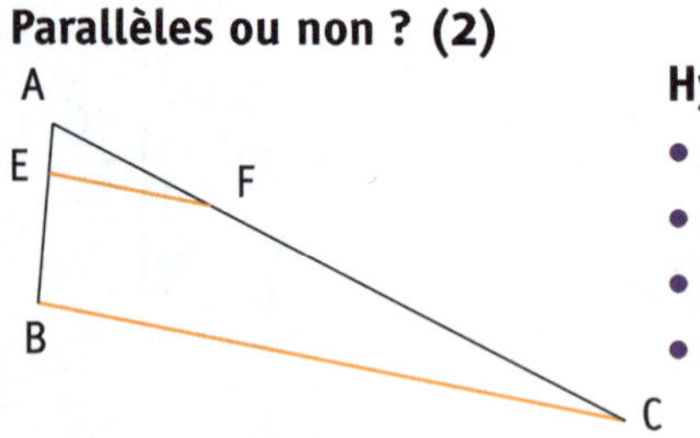

Hypothèses :
- AB = 1,4 cm
- AE = 0,4 cm
- AC = 5 cm
- AF = 1,4 cm

a. Si les droites (EF) et (BC) étaient parallèles, on aurait $\dfrac{AE}{\dots\dots} = \dfrac{\dots\dots}{AC}$.

b. Or $\dfrac{AE}{AB}$ = ...

$\dfrac{AF}{AC}$ = ...

c. Conclure. ....

....

COUP DE POUCE
a. C'est le théorème de Thalès.

★ 3 Parallèles ou non ? (3)

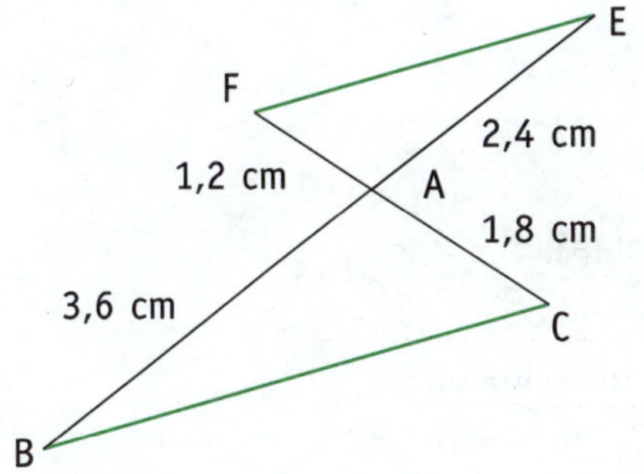

a. Calculer.

$\frac{AE}{AB} = \ldots\ldots\ldots\ldots$ $\frac{AF}{AC} = \ldots\ldots\ldots\ldots$

b. Les droites (BC) et (EF) sont-elles parallèles ?

Pourquoi ? ……………………………………………

……………………………………………………

……………………………………………………

★★ 4 Dans un carré de côté 10

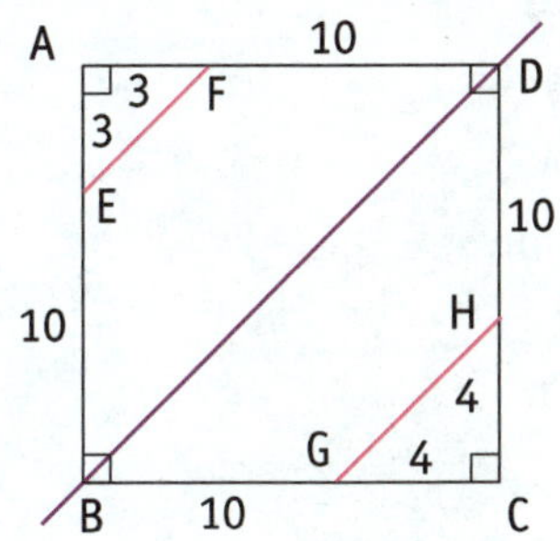

a. Démontrer que les droites (EF) et (BD) sont parallèles.

……………………………………………………

b. En est-il de même pour les droites (GH) et (BD) ?

……………………………………………………

c. Que peut-on dire des droites (EF) et (GH) ?

……………………………………………………

★★ 5 Dans un rectangle

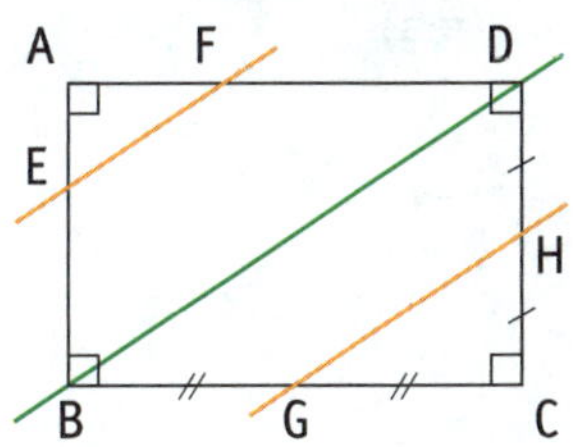

Hypothèses :
AD = 9 cm
AF = 3 cm
AB = 6 cm
AE = 2 cm

a. Démontrer que (GH) // (BD).

……………………………………………………

……………………………………………………

b. Calculer $\frac{AF}{AD}$ puis $\frac{AE}{AB}$ ……………………

……………………………………………………

c. Les droites (EF) et (GH) sont-elles parallèles ? Pourquoi ?

……………………………………………………

……………………………………………………

COUP DE POUCE
Que peux-tu dire du point G par rapport aux points B et C ?

★★ 6 À compléter

On suppose (BD) // (EG) et (DC) // (GF). On va démontrer que (BC) // (EF).
Pour cela compléter :

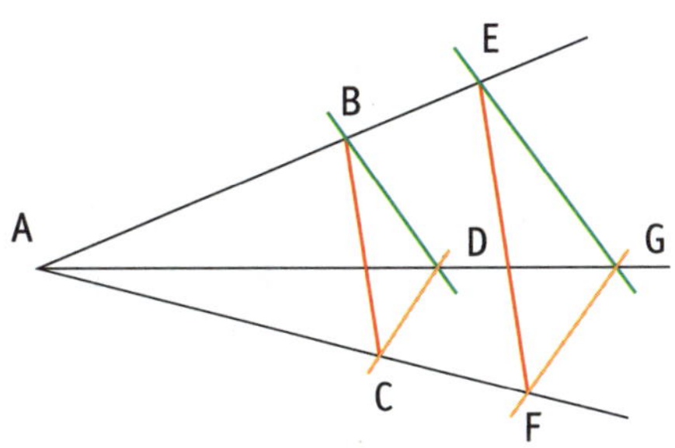

Comme (BD) // (EG) alors $\frac{\ldots}{\ldots} = \frac{\ldots}{\ldots}$

De même, comme (DC) // (GF) alors

$\frac{\ldots}{\ldots} = \frac{\ldots}{\ldots}$.

Donc $\frac{AB}{AE} = \frac{\ldots}{\ldots}$.

Donc ……………… // ………………

Corrigés p. 16-18

GÉOMÉTRIE ET MESURES

17 Réviser les transformations simples

Comment utiliser les transformations simples ?

- Les transformations étudiées ici sont les **symétries** (axiales et centrales), les **translations** et les **rotations**.

> Ces transformations conservent : les longueurs, les mesures d'angles, les aires.

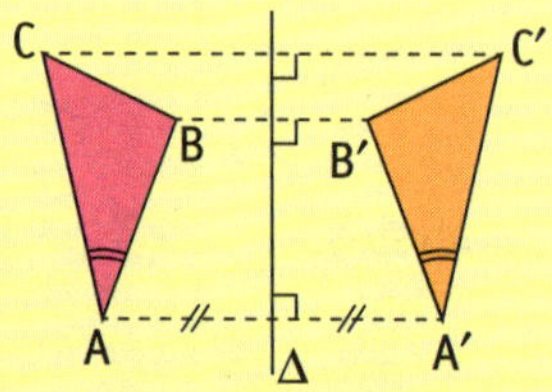

S_Δ : symétrie d'axe Δ

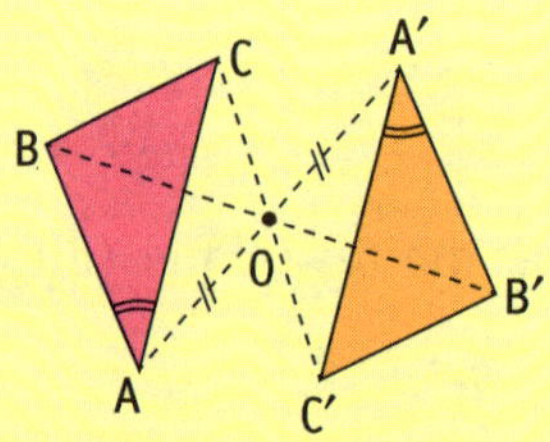

S_O : symétrie de centre O

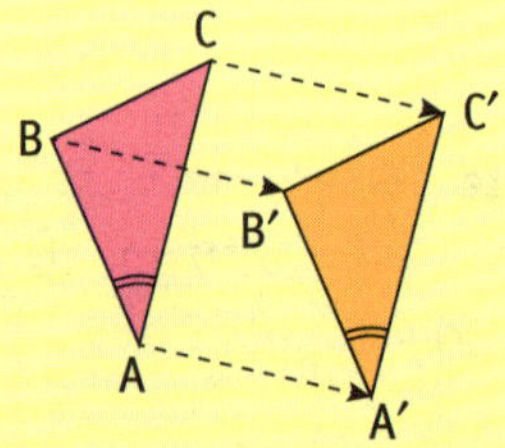

$t_{AA'}$: translation de A vers A'

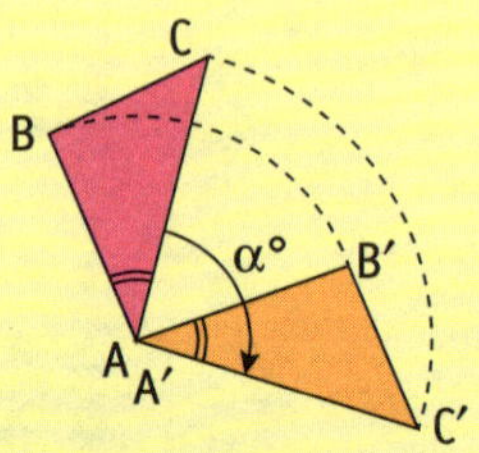

R(A, α) : rotation de centre A et d'angle α° ↻

Pour chacune de ces transformations, on a :
- BC = B'C' (conservation des longueurs)
- $\widehat{A} = \widehat{A'}$ (conservation des mesures d'angles)
- Aire(ABC) = Aire(A'B'C') (conservation des aires)

★ 1 Avec un réseau triangulaire

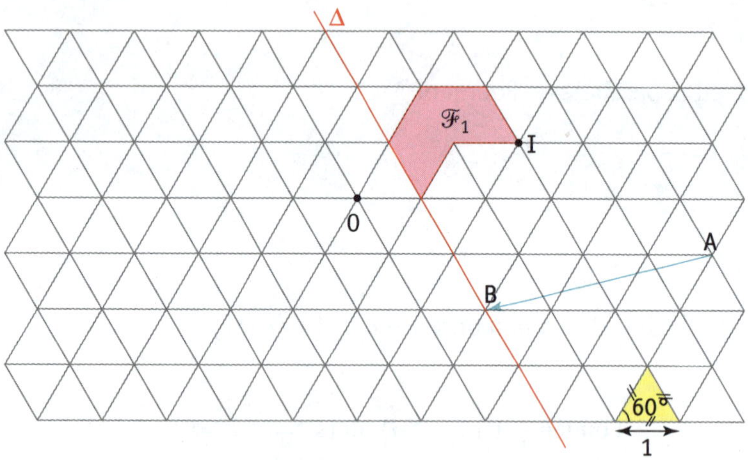

a. Construire :
- la figure $\mathscr{F}_2$ image de $\mathscr{F}_1$ par la translation qui envoie A sur B ;
- la figure $\mathscr{F}_3$ image de $\mathscr{F}_1$ par la symétrie d'axe Δ ;
- la figure $\mathscr{F}_4$ image de $\mathscr{F}_1$ par la symétrie de centre I ;
- la figure $\mathscr{F}_5$ image de $\mathscr{F}_1$ par la rotation de centre O, d'angle 120° ↻.

b. Le périmètre de $\mathscr{F}_1$ est de 6. En déduire le périmètre de $\mathscr{F}_5$. Justifier. ....

....

c. L'aire de $\mathscr{F}_1$ est $\sqrt{3}$. En déduire l'aire de $\mathscr{F}_2$. Justifier. ....

2 Frise avec des translations

Tracer l'image du motif suivant par la translation t_{AB}. Recommencer avec le motif obtenu et ainsi de suite…

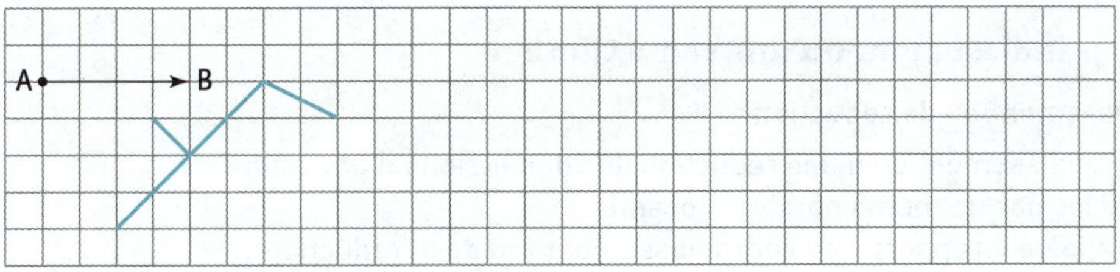

3 Frise avec des symétries axiales

Tracer l'image du motif suivant par la symétrie d'axe Δ_1. Recommencer avec le motif obtenu par la symétrie d'axe Δ_2 et ainsi de suite.

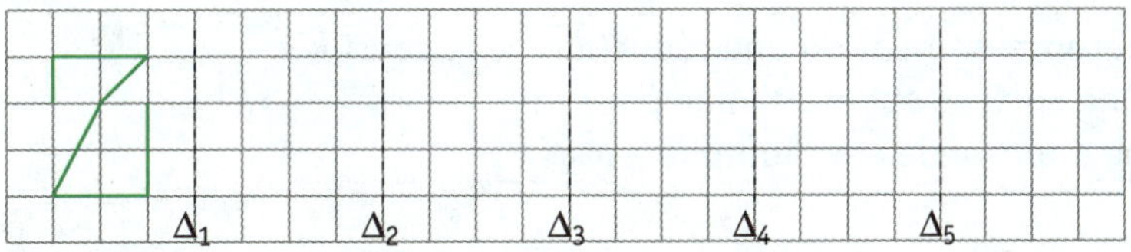

4 Pavage

a. Le motif ② est l'image de ④ par une symétrie centrale de centre A. Placer A sur le dessin. De même le motif ④ est l'image de ⑤ par la symétrie de centre D. Placer D sur le dessin.

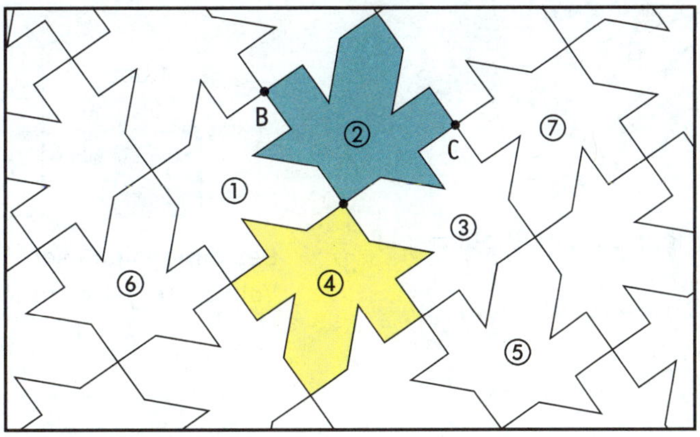

b. Le motif ② est l'image de ①

par la ……………………………

c. ③ a pour image ………. par la rotation de centre C d'angle 90° ↺.

d. ② est l'image de ⑤ par la ……………………………………………………………

e. ① est l'image de …….. par la rotation de centre A d'angle 180° ↻.

5 Rosaces

a. Pour chacune des 4 rosaces, tracer les axes de symétrie.

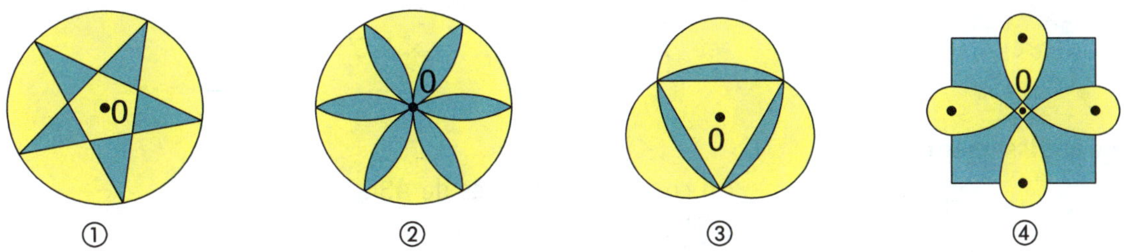

b. Indiquer l'angle d'une rotation de centre O qui transforme la rosace en elle-même.

①: ………… ②: ………… ③: ………… ④: …………

INFO

L'église d'Aulnay en Charente-Maritime présente des frises géométriques de toutes sortes.

COUP DE POUCE

Il y a plusieurs réponses possibles.

Corrigés p. 18-19

18 Agrandir et réduire une figure

Qu'est-ce qu'un agrandissement ou une réduction ?

Rapport d'agrandissement ou de réduction

- Au cours d'un agrandissement ou d'une réduction, les dimensions d'une figure sont toutes multipliées par un même nombre k positif.
- Ce nombre k est appelé « **rapport** » de l'agrandissement (ou de la réduction).
- Pour un agrandissement : $k > 1$. Pour une réduction : $k < 1$.

Propriété (k, k^2, k^3)

Dans un agrandissement ou une réduction de rapport k :
- l'aire d'une surface est multipliée par k^2 ;
- le volume d'un solide est multiplié par k^3.

Exemples

- **Réduction**

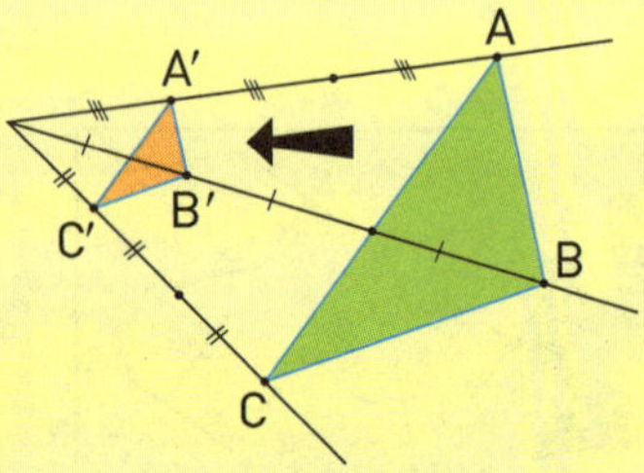

Les dimensions sont multipliées par $\frac{1}{3}$.

$$\text{Aire (A'B'C')} = \text{Aire (ABC)} \times \left(\frac{1}{3}\right)^2$$
$$= \text{Aire (ABC)} \times \frac{1}{9}$$

- **Agrandissement**

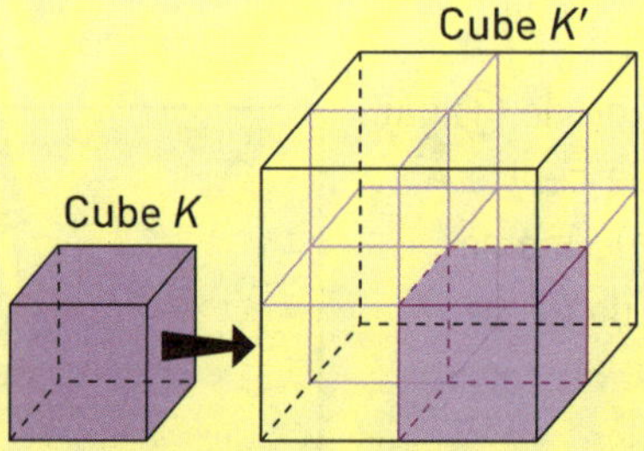

Les dimensions sont multipliées par 2.

$$\text{Volume } (K') = \text{Volume } (K) \times 2^3$$
$$= \text{Volume } (K) \times 8$$

★ 1 Élémentaire !

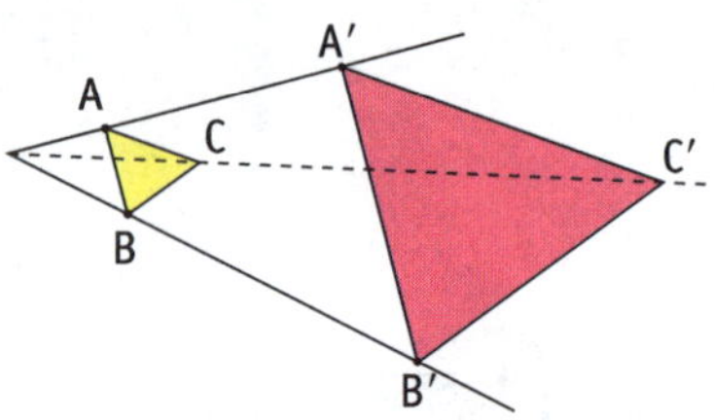

On suppose que A′B′C′ est un agrandissement de ABC et que l'aire de A′B′C′ vaut 16 fois l'aire de ABC.

Alors : A′B′ = ... × AB

et AC = ... × A′C′

★ 2 Vous avez dit agrandissement ?

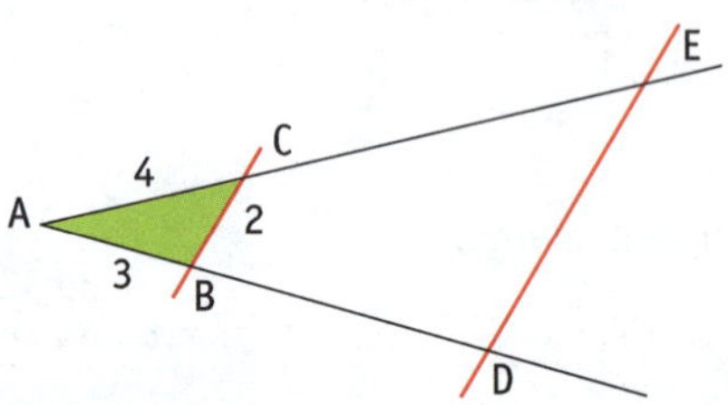

On connaît les 3 côtés de ABC, de plus (BC) // (DE) et AD = 9.

a. Calculer AE et ED.

....

....

....

b. Montrer que ADE est un agrandissement de ABC. ....

....

COUP DE POUCE

b. Montre que AE = 3AC, AD = 3AB, et DE = 3BC.

★ 3 Dans un cube

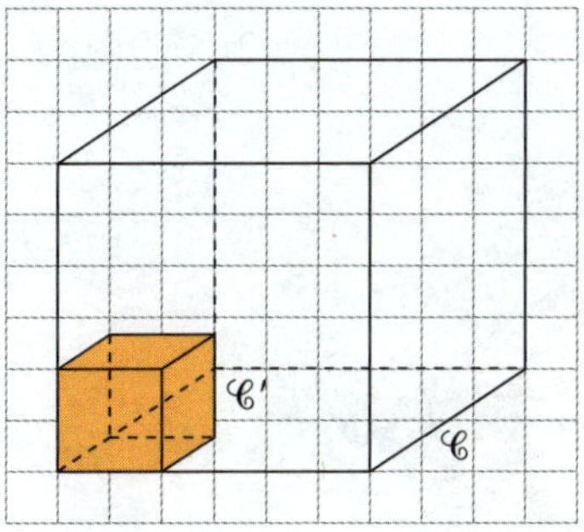

Le cube colorié 𝒞' est une réduction du cube 𝒞.
Compléter.

a. Les dimensions de 𝒞' sont celles de 𝒞 multipliées par ....

b. L'aire d'une face de 𝒞' est l'aire d'une face de 𝒞 multipliée par ....

c. volume (𝒞') = ... × volume (𝒞).

★★ 4 Pyramides d'Égypte

Les trois pyramides de Giseh, dédiées aux pharaons Khéops, Khéphren et Mykérinos, sont des pyramides à base carrée.
La plus petite est celle de Mykérinos : sa base mesure 105 m de côté et sa hauteur 66 m.
La plus grande est celle de Khéops : sa base mesure 231 m de côté.
On suppose dans ce problème qu'elle est un agrandissement de celle de Mykérinos.

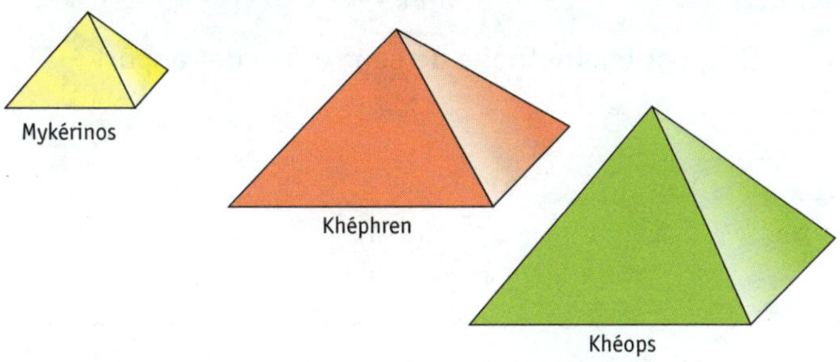

a. Calculer, à 0,1 m près, la hauteur de la pyramide de Khéops.

....

....

b. On prétend que le volume de la pyramide de Khéops est environ dix fois plus grand que celui de la pyramide de Mykérinos. Vérifier cette affirmation sans calculer les volumes.

....

c. Même consigne qu'en **b.**, mais en calculant les volumes des deux pyramides.

....

....

....

> **COUP DE POUCE**
> **a.** Calcule d'abord le rapport d'agrandissement.

> **COUP DE POUCE**
> **c.** Consulte le formulaire de géométrie au début du cahier.

Corrigés p. 19-20

19 Connaître les homothéties

Qu'est-ce qu'une homothétie ?

Définition

On construit le triangle A′B′C′ à partir du triangle ABC de façon que :

$OA' = 3 \times OA \quad OB' = 3 \times OB \quad OC' = 3 \times OC$

et que O, A et A′ ; O, B et B′ ; O, C et C′ soient alignés.

On dit alors que A′B′C′ est l'image de ABC par l'**homothétie de centre O et de rapport 3**.

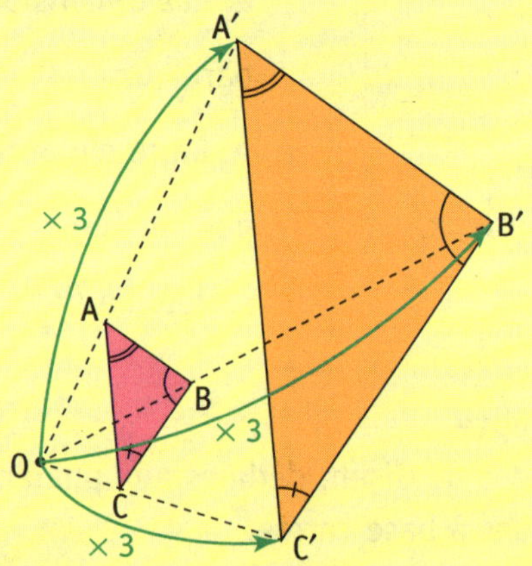

Remarques

D'après la réciproque du théorème de Thalès :
(A′B′) // (AB) ; (B′C′) // (BC) et (A′C′) // (AC).

AB	AC	BC	OA	OB	OC
A′B′	A′C′	B′C′	OA′	OB′	OC′

(×3) est un tableau de proportionnalité. Le coefficient de proportionnalité est le rapport de l'homothétie.

Par conséquent, ABC est l'image de A′B′C′ par l'homothétie de centre O et de rapport $\frac{1}{3}$.

Propriétés

Dans une homothétie de rapport k :
- les longueurs sont multipliées par k ;
- les angles sont conservés.

Soit $\mathcal{F}'$ l'image de la figure $\mathcal{F}$ par l'homothétie de centre O et de rapport k.
- Si $k > 1$ alors $\mathcal{F}'$ est un **agrandissement** de $\mathcal{F}$.
- Si $0 < k < 1$ alors $\mathcal{F}'$ est une **réduction** de $\mathcal{F}$.

1 Avec un triangle équilatéral

a. Construire l'image A′B′C′ du triangle équilatéral ABC par l'homothétie de centre O et de rapport 1,5.

b. Démontrer que A′B′C′ est équilatéral.

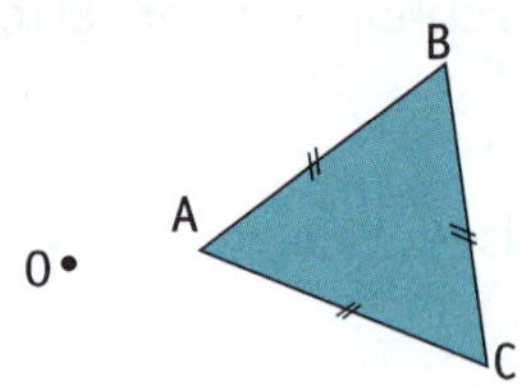

....

....

....

2 Avec un losange

a. Construire l'image B′L′E′U′ du losange BLEU par l'homothétie de centre O et de rapport 0,8.

b. Démontrer que B′L′E′U′ est un losange.

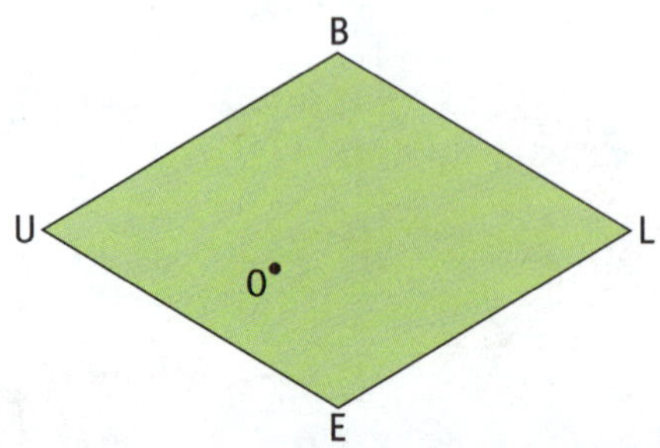

....

c. Supposons que le périmètre de BLEU mesure 16 cm.

Combien mesure le côté B′U′ ? ....

COUP DE POUCE
a. Mesure avec un double décimètre et multiplie par 0,8.

★★ 3 **Avec un triangle rectangle**

a. Construire l'image K'I'A' du triangle rectangle KIA par l'homothétie de centre O et de rapport 2.

b. Démontrer que le triangle K'I'A' est rectangle.

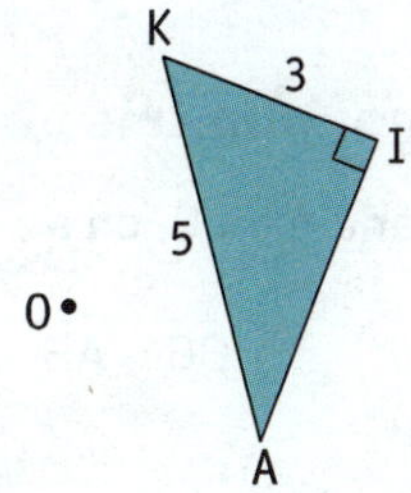

....

....

c. Calculer les aires des triangles KIA et K'I'A'.

....

....

d. Dans une homothétie de rapport 2, les aires sont multipliées par :

....

★★ 4 **Où placer le point M ?**

ABC est un triangle et M un point de [AB].
La parallèle à (BC) passant par M coupe (AC) en I.

a. Où placer le point M sur [AB] pour que périmètre de AMI soit le quart de celui du triangle ABC ? (Faire la construction.)

b. Quelle est alors l'homothétie qui envoie AMI sur ABC ?

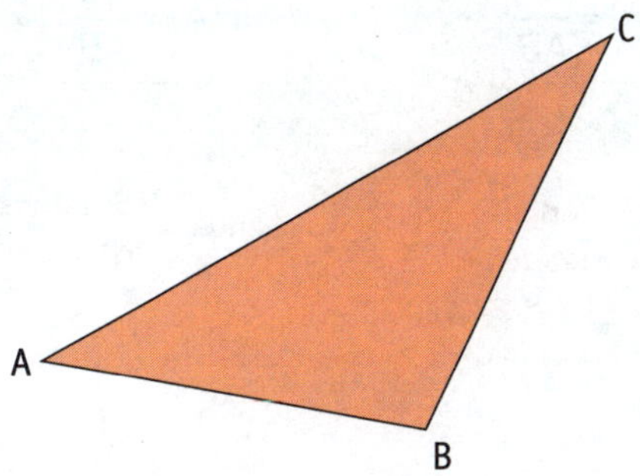

....

COUP DE POUCE

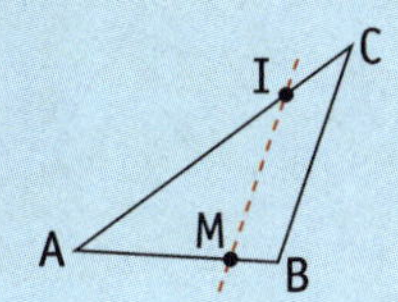

★★ 5 **Où placer le point M ? (bis)**

Avec les mêmes hypothèses que dans l'exercice précédent, où placer le point M sur [AB] pour que l'aire de AMI soit le quart de celle de ABC ? (Faire la construction et justifier.)

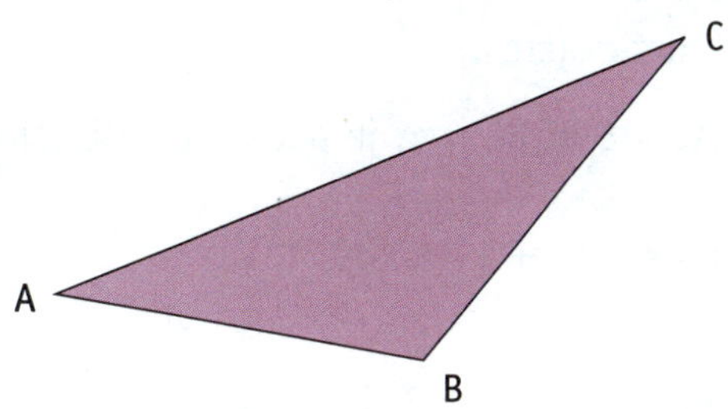

....

....

★★ 6 **À la recherche du centre perdu**

Les points C et D sont les images respectives des points A et B par une homothétie de centre O.

a. Construire le point O.

b. Après avoir retrouvé le centre perdu, construire l'image du segment [AD].

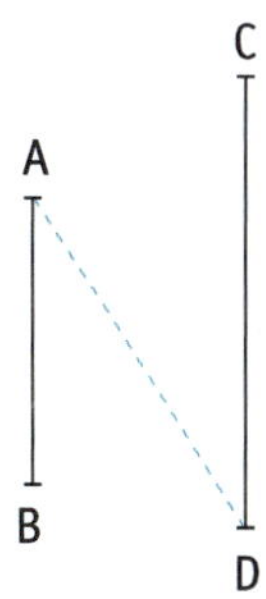

Justifier. ....

....

Corrigés p. 20-21

20 Utiliser la trigonométrie

Comment utiliser la trigonométrie pour calculer des longueurs ?

- Dans un triangle ABC rectangle en C, on a :

$AC = AB \times \cos(\hat{A})$ $BC = AB \times \sin(\hat{A})$ $BC = AC \times \tan(\hat{A})$

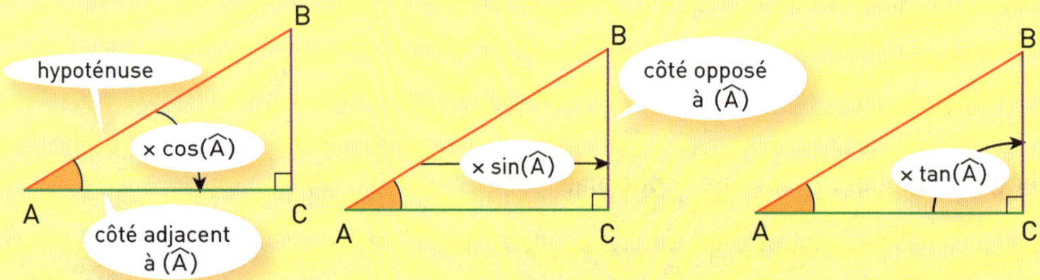

$\cos(\hat{A}) = \dfrac{AC}{AB}$ $\sin(\hat{A}) = \dfrac{BC}{AB}$ $\tan(\hat{A}) = \dfrac{BC}{AC}$

cosinus = $\dfrac{\text{côté adjacent}}{\text{hypoténuse}}$ sinus = $\dfrac{\text{côté opposé}}{\text{hypoténuse}}$ tangente = $\dfrac{\text{côté opposé}}{\text{côté adjacent}}$

★ 1 Sinus, cosinus et tangente (1)

Pour les trois questions :
- rayer les mentions inutiles parmi les trois proposées ;
- donner les valeurs exactes.

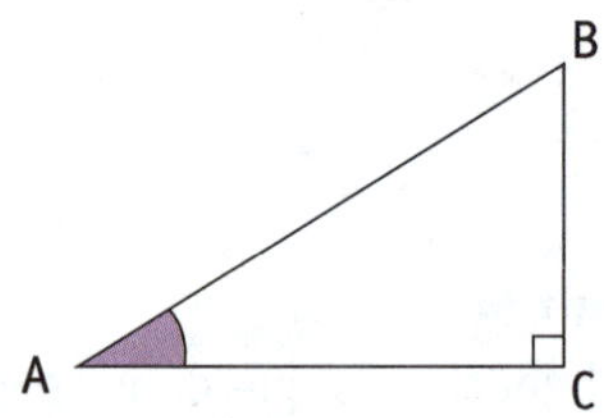

ATTENTION Repère bien l'hypoténuse, le côté opposé et le côté adjacent à l'angle Â.

a. Sachant que AC = 5 et BC = 4, je peux immédiatement calculer :

$\begin{cases} \cos(\hat{A}) \\ \sin(\hat{A}) \\ \tan(\hat{A}) \end{cases}$ qui est égal à ....

b. Sachant que AC = 6 et AB = 7, je peux immédiatement calculer :

$\begin{cases} \cos(\hat{A}) \\ \sin(\hat{A}) \\ \tan(\hat{A}) \end{cases}$ qui est égal à ....

c. Sachant que AB = 8 et BC = 3, je peux immédiatement calculer :

$\begin{cases} \cos(\hat{A}) \\ \sin(\hat{A}) \\ \tan(\hat{A}) \end{cases}$ qui est égal à ....

★ 2 Sinus, cosinus et tangente (2)

Calculer :

cos(Â) = ...

sin(Â) = ...

tan(Â) = ...

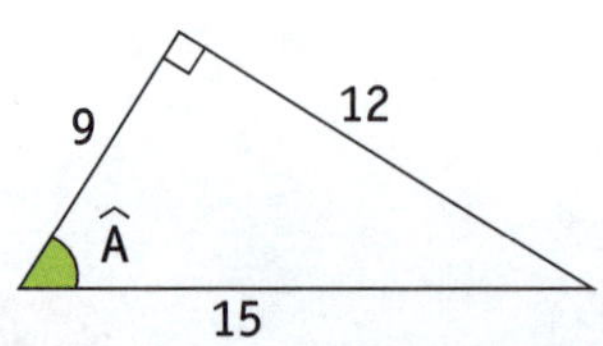

★ 3 Avec la calculatrice

Donner, à 0,01 près : cos(33°) ≈ .... ; sin(1°) ≈ .... ; tan(10°) ≈ ....

ATTENTION
La calculatrice doit être en mode degré.

★★ 4 Calculs dans un triangle rectangle

a. Calculer AB.

....

....

....

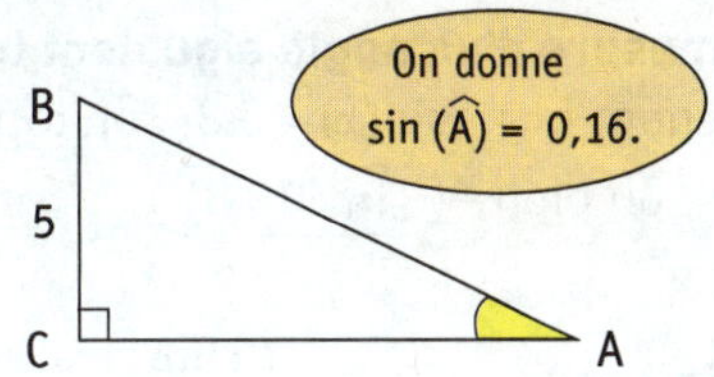

b. Calculer AC à 0,01 près.

....

....

c. Calculer à 0,01 près :

cos(Â) = ...

★★ 5 De tous côtés

a. Calculer à 0,01 cm près :

NF = ...

UN = ...

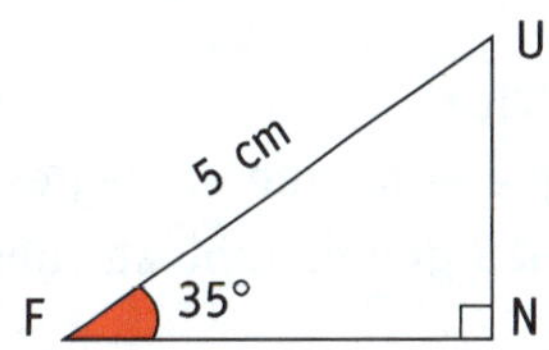

b. Calculer à 0,01 cm près EA et SE.

....

....

....

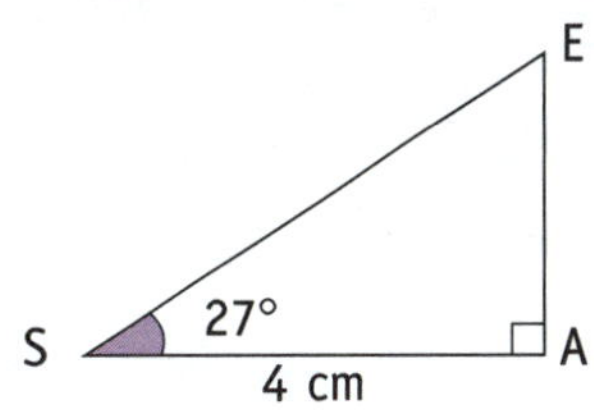

c. Calculer à 0,01 cm près YJ et JO.

....

....

....

....

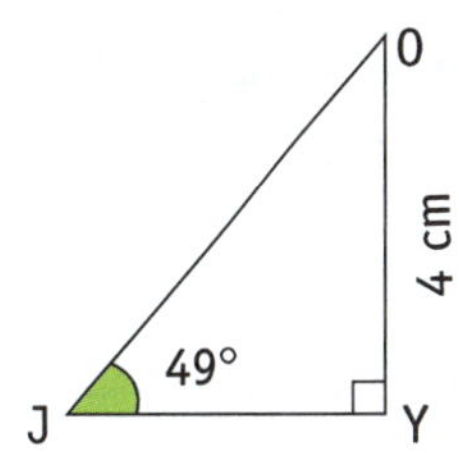

★★ 6 Calculs dans un pentagone

Le pentagone régulier PENTA est inscrit dans un cercle de rayon 3.

a. Calculer :

$\widehat{POE}$ = ...

$\widehat{POH}$ = ...

b. Calculer les longueurs OH, PH et PE à 0,001 près.

....

....

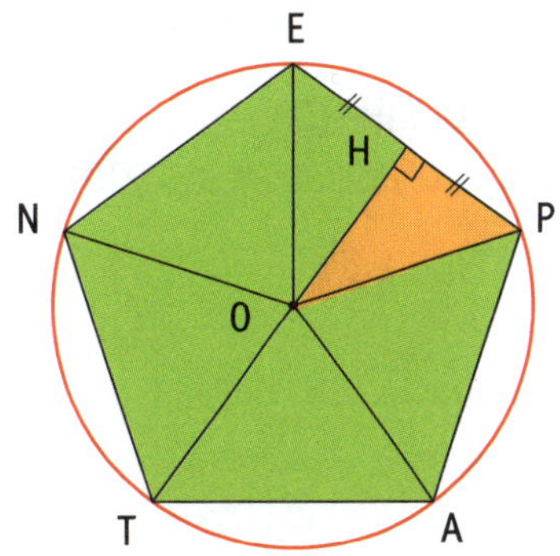

INFO
• Un angle plein mesure 360°.
• (OH) partage l'angle $\widehat{POE}$ en deux angles égaux.

Corrigés p. 21-23

21 Calculer des angles

Comment évaluer la mesure d'un angle dans un triangle rectangle ?

Calcul de la mesure d'un angle aigu dont le sinus est connu

Exemple : Sachant que $\sin(x) = 0{,}3$, on tape sur une calculatrice scientifique :

(arcsin(0,3)) ou bien ($\sin^{-1}$ (0,3))

et on lit $x \approx 17{,}457\,6°$.

Mettre la calculatrice en mode degré.

On procède de façon analogue avec le cosinus et la tangente.

Formules de trigonométrie

Avec $\cos(\widehat{A}) \neq 0$, on a : $\tan(\widehat{A}) = \dfrac{\sin(\widehat{A})}{\cos(\widehat{A})}$

Pour tout angle $\widehat{A}$, on a : $\cos^2(\widehat{A}) + \sin^2(\widehat{A}) = 1$

$\cos^2(\widehat{A})$ signifie $[\cos(\widehat{A})]^2$.

★ 1 Avec la calculatrice

La lettre x désigne la mesure en degrés d'un angle aigu.

Compléter chaque ligne du tableau suivant. Donner les résultats à 0,001 près.

x (en degrés)	$\cos(x)$	$\sin(x)$	$\tan(x)$
5			
	0,3		
		0,2	
			3,1

COUP DE POUCE
Pour les trois dernières lignes, commence par évaluer x.

★ 2 Dans un triangle rectangle (1)

Compléter en donnant les résultats à 0,001 près :

$\tan(\widehat{A}) =$ ....

$\widehat{A} \approx$ ....

$\cos(\widehat{A}) \approx$ ....

$\sin(\widehat{A}) \approx$ ....

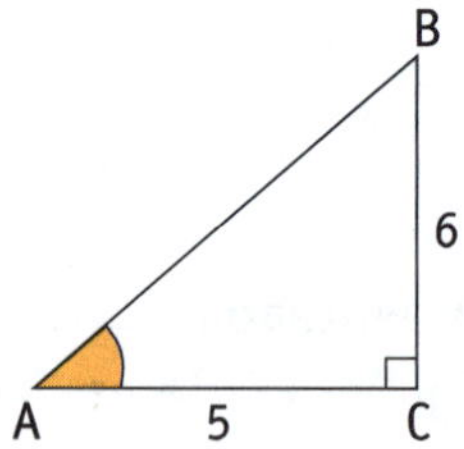

★ 3 Dans un triangle rectangle (2)

Compléter en donnant les résultats à 0,001 près :

$\sin(\widehat{A}) =$ ....

$\widehat{A} \approx$ ....

$\cos(\widehat{A}) \approx$ ....

$\tan(\widehat{A}) \approx$ ....

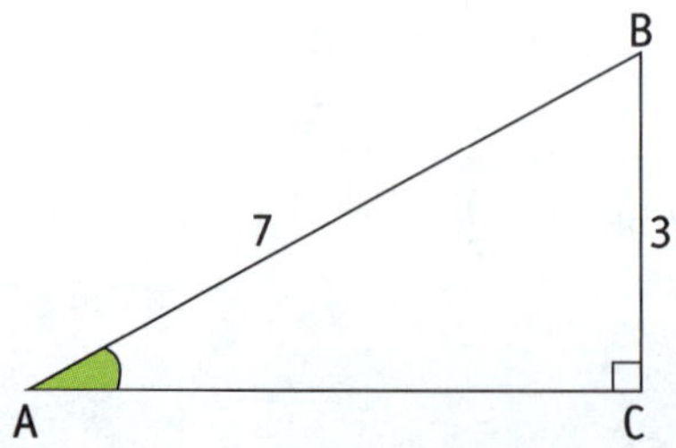

★ 4 Le triangle 3-4-5

a. Vérifier que ABC est rectangle en C.

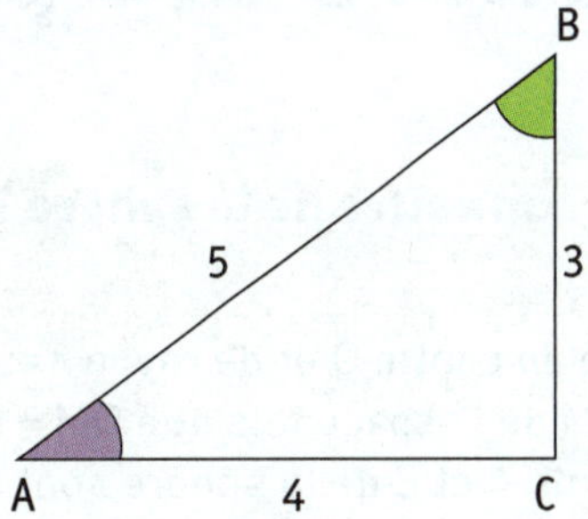

b. $\sin(\widehat{A}) =$

En déduire la mesure de $\widehat{A}$, puis celle de $\widehat{B}$ (à 0,01° près).

★★ 5 Dans un quadrillage à maille carrée

a. Calculer $\tan(\widehat{ABO})$ et en déduire la mesure de $\widehat{ABO}$ à 0,01° près.

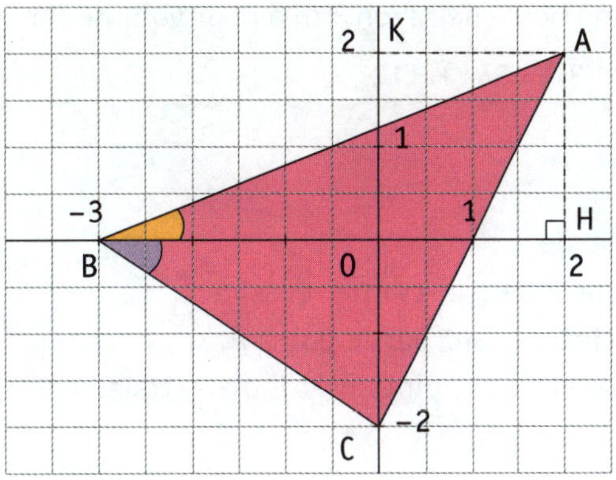

b. Calculer $\tan(\widehat{OBC})$ et en déduire les mesures de $\widehat{OBC}$ puis de $\widehat{ABC}$.

c. En s'inspirant des questions **a.** et **b.**, calculer à 0,01° près la mesure de l'angle $\widehat{C}$ du triangle ABC.

d. En déduire une valeur approchée de la mesure de l'angle $\widehat{A}$ du triangle ABC.

★★ 6 Sans connaître $\widehat{A}$

$\widehat{A}$ est un angle aigu. On donne $\sin(\widehat{A}) = 0,352$. Sans déterminer la mesure de $\widehat{A}$, calculer $\cos(\widehat{A})$ puis $\tan(\widehat{A})$ à 0,000 001 près.

COUP DE POUCE
a. Dans le triangle rectangle ABH, ...
b. Dans le triangle rectangle OBC, ...

COUP DE POUCE
Utilise les relations $\cos^2(\widehat{A}) + \sin^2(\widehat{A}) = 1$ et $\tan(\widehat{A}) = \dfrac{\sin(\widehat{A})}{\cos(\widehat{A})}$

Corrigés p . 23-24

22 Résoudre des problèmes de sphère

Que faut-il connaître de la sphère ?

Définitions

- La sphère de centre O et de rayon r est l'ensemble des points M de l'espace tels que OM = r.
- Deux points A et B de la sphère sont **diamétralement opposés** si [AB] est un diamètre de la sphère.
- Un **grand cercle** de la sphère de rayon r est un cercle de rayon r, ayant pour centre le centre de la sphère.

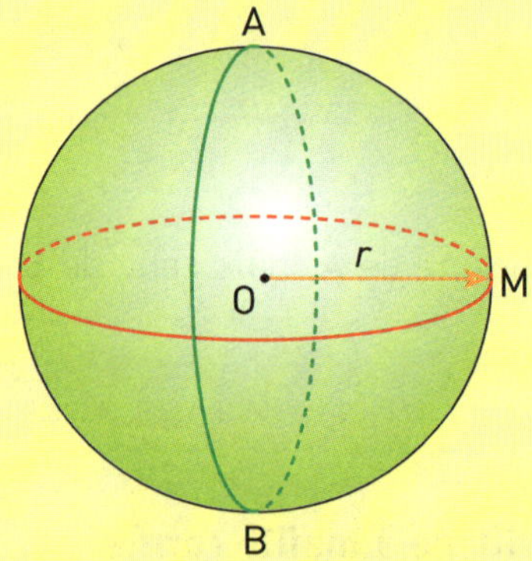

Volume de la boule de rayon r : $V = \frac{4}{3}\pi r^3$

Exemple : Une boule de rayon 3 m a pour volume (en m^3) :

$V = \frac{4}{3} \times \pi \times (3)^3 = 36\pi \approx 113.$

1 Dessin à main levée

Sur le dessin de la sphère ci-contre, dessiner deux grands cercles passant par le point A.
Sur la sphère, placer deux points B et C diamétralement opposés.

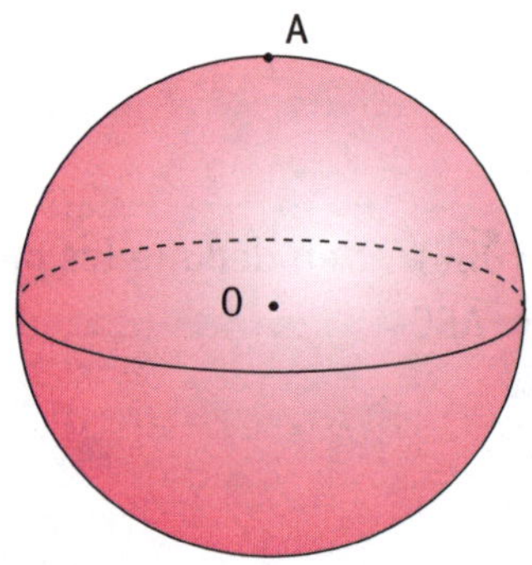

INFO
- En perspective, un cercle est représenté par une ellipse.
- Les traits cachés sont en pointillés.

2 Calcul de volumes

Calculer le volume des boules de rayons suivants, en donnant la valeur exacte, puis une valeur approchée à 0,001 près. (Préciser les unités.)

a. 12 mm **b.** 9 cm **c.** 15 m

....

....

....

3 Agrandir ou réduire

a. Une boule A est l'agrandissement, de rapport 3, d'une boule B dont le volume est 123 cm^3.
Calculer le volume de la boule A.

....

b. Une boule A′ est la réduction, de rapport 0,2, d'une boule B′ de rayon de 15 m.

Calculer le rayon de la boule A′. ....

Calculer le volume de la boule A′(à 0,01 près). ....

4 De la Terre à la Lune

a. En admettant que la Terre soit une boule de 6 400 km de rayon, calculer son volume (à un milliard de km^3 près). ....

b. Le rayon de la Terre est environ 3,7 fois plus grand que celui de la Lune. En déduire le volume de la Lune (à un milliard de km^3 près).

....

INFO
6 400 km est une mesure arrondie à 100 km près par excès.

COUP DE POUCE
b. Revois la propriété (k, k^2, k^3).

★★ 5 De la Terre à Neptune

La surface de Neptune est 15 fois plus grande que celle de la Terre.

a. De combien de fois le rayon de Neptune est-il plus grand que celui de la Terre ?

....

b. De combien de fois le volume de Neptune est-il plus grand que celui de la Terre ?

....

★★ 6 De la Terre à Mars

Le rayon de Mars est 0,53 fois celui de la Terre.

a. La longueur d'un grand cercle sur la Terre mesure environ 40 000 km.

Combien mesure un grand cercle sur Mars ? ....

b. Le volume de la Terre est d'environ $1{,}08 \times 10^{12}$ km^3.

Déterminer une valeur approchée du volume de Mars. ....

★★ 7 Un réservoir

Calculer le volume (à 1 m^3 près) du réservoir représenté sur la figure ci-contre.

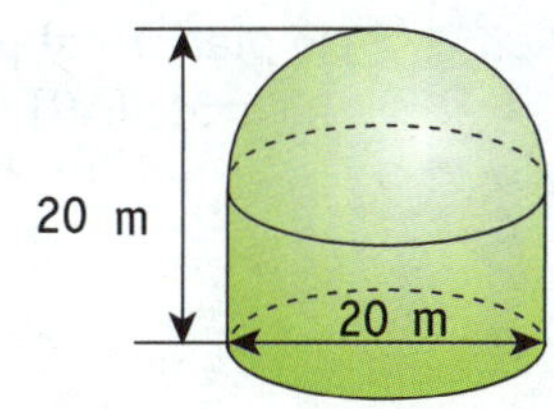

....

....

....

INFO
Le volume du réservoir est la somme de deux volumes. Consulte le formulaire de géométrie au début du cahier.

Que se passe-t-il quand on coupe une sphère par un plan ?

- En coupant une sphère par un plan, on obtient un cercle. Lorsque ce plan passe par le centre de la sphère, alors la section est un **grand cercle**.

  Exemple :

  Un plan coupe une sphère de centre O et de rayon 17 cm selon un cercle $\mathscr{C}$ de centre H. La distance OH du centre de la sphère au plan mesure 8 cm.

  Pour calculer le rayon du cercle $\mathscr{C}$, on choisit un point A du cercle $\mathscr{C}$.

  Le triangle OHA étant rectangle en H, on a :

  $OA^2 = OH^2 + HA^2$, d'où $HA^2 = OA^2 - OH^2 = 17^2 - 8^2 = 225$.

  Donc $HA = \sqrt{225} = 15$. Le rayon du cercle $\mathscr{C}$ mesure 15 cm.

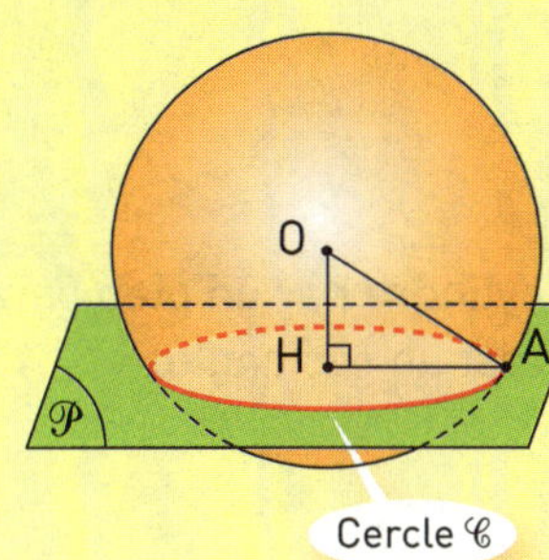

★★ 8 Plan et sphère

La section d'une sphère de centre O et de 13 cm de rayon, par un plan $\mathscr{P}$, situé à une distance de 5 cm du centre O (OH = 5 cm) est un cercle $\mathscr{C}$.

a. Placer sur le dessin les lettres $\mathscr{P}$, O, H et $\mathscr{C}$.

b. Calculer le rayon du cercle $\mathscr{C}$. ....

....

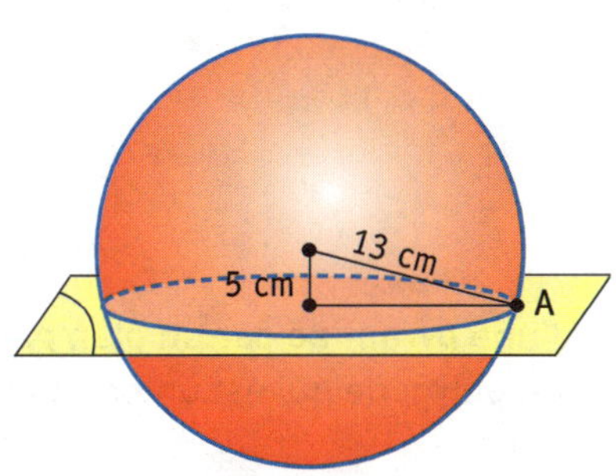

Corrigés p. 24-25

Plus d'exercices sur www.hatier-entrainement.com

23 Couper un solide par un plan

Qu'est-ce que la section d'un solide par un plan ?

▸ Propriétés

- La section **d'un cube ou d'un parallélépipède rectangle** par un plan parallèle à une face est un rectangle de mêmes dimensions que la face.

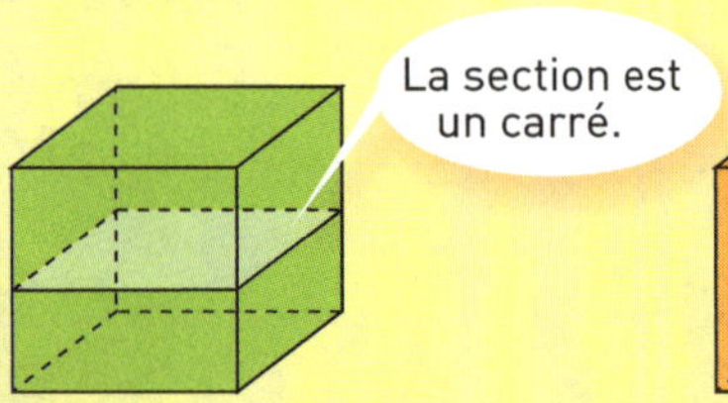

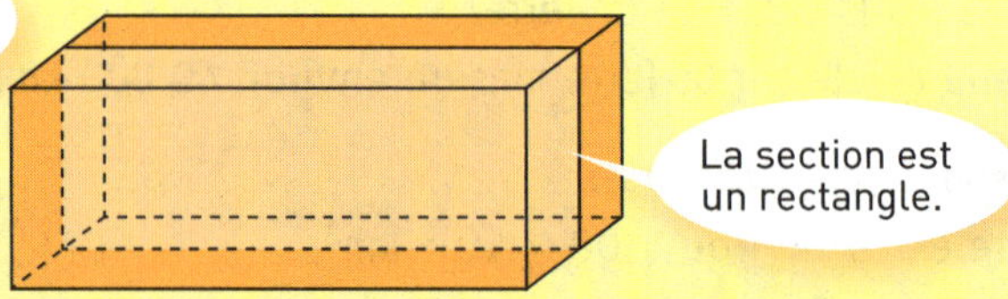

- La section **d'un cube ou d'un parallélépipède rectangle** par un plan parallèle à une arête est un rectangle.

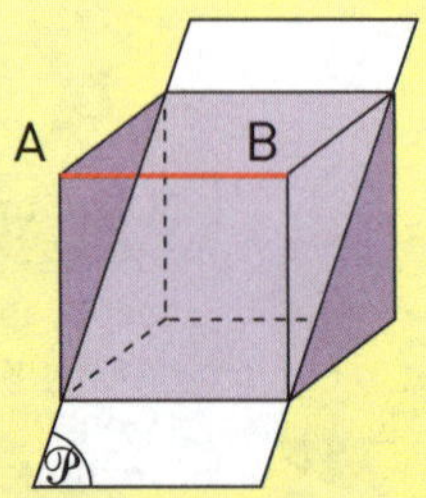

Dans les deux exemples, le plan 𝒫 est parallèle à l'arête [AB].

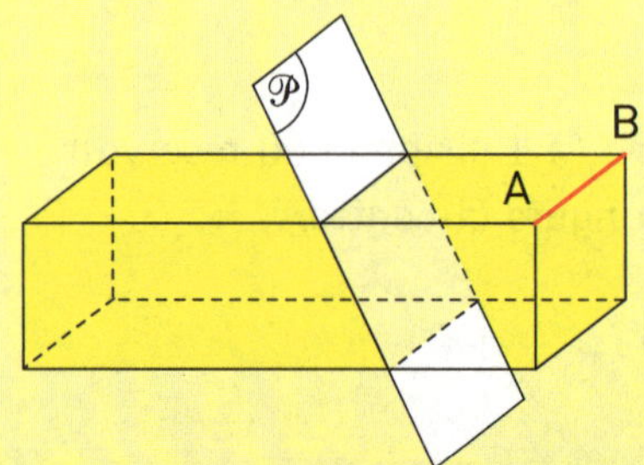

- La section d'un **cylindre** par un plan perpendiculaire à l'axe du cylindre est un disque de même rayon que celui des bases du cylindre.

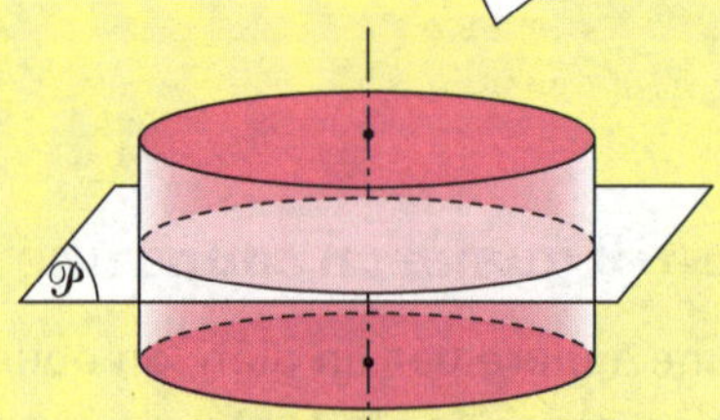

- La section d'un **cylindre** par un plan parallèle à l'axe du cylindre est un rectangle.

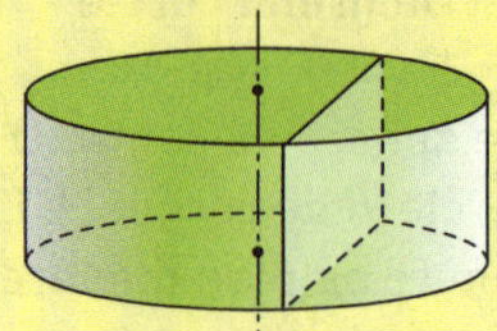

- La section d'un **cône** par un plan parallèle à la base est un disque qui est une réduction du disque de base.

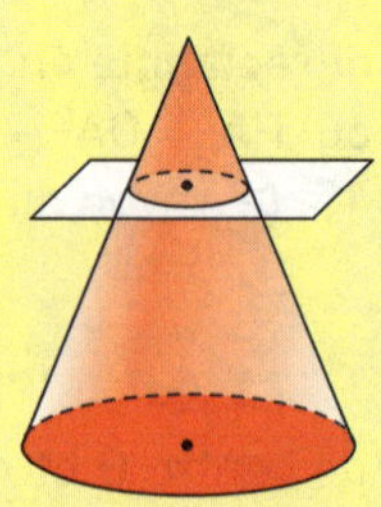

- La section d'une **pyramide** par un plan parallèle à la base est un polygone qui est une réduction du polygone de base.

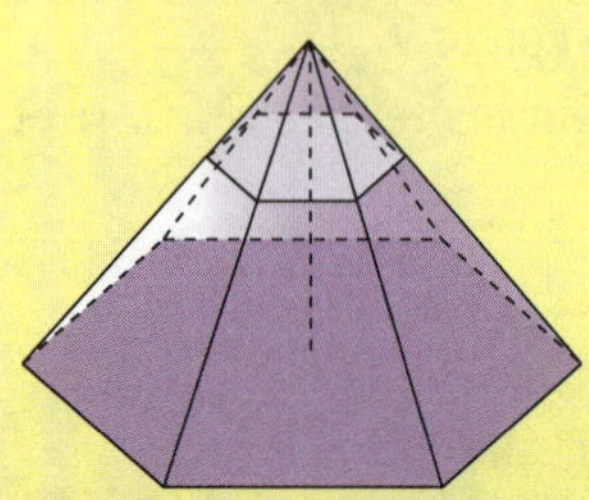

★ 1 Section d'un cube

HAUTFOND est un cube de 8 cm de côté.

a. Tracer et colorier la section de ce cube par le plan parallèle à la face FOND, passant par le point Z.

b. Quelle est la nature de cette section ? ....

Calculer son aire. ....

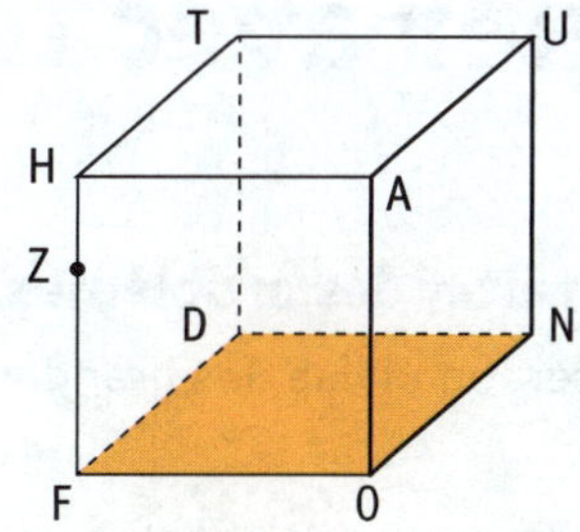

★★ 2 Section d'un parallélépipède rectangle

a. Tracer la section du parallélépipède par le plan parallèle à l'arête [AB] et passant par les points C et D. Quelle est la nature de cette section ?

....

b. Donner les dimensions de cette section.

....

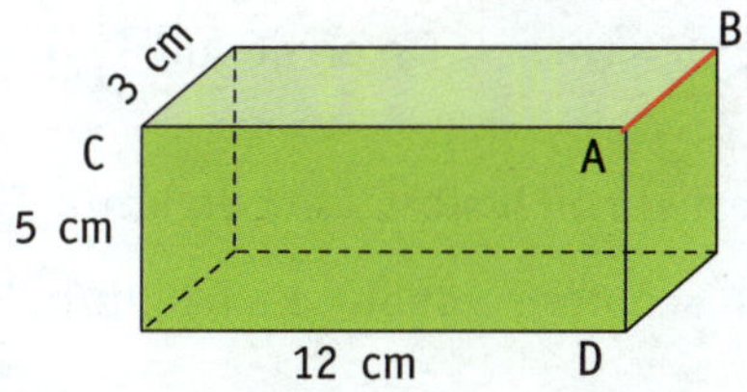

COUP DE POUCE
b. Que peux-tu dire du triangle CAD ?

★ 3 Section d'un cylindre (1)

a. Dessiner la section du cylindre par le plan $\mathcal{P}$ perpendiculaire à l'axe du cylindre et passant par les points A et B. Que dire de cette section ? ....

b. Le cylindre a 10 cm de haut et 3 cm de rayon. Calculer le périmètre de la section.

....

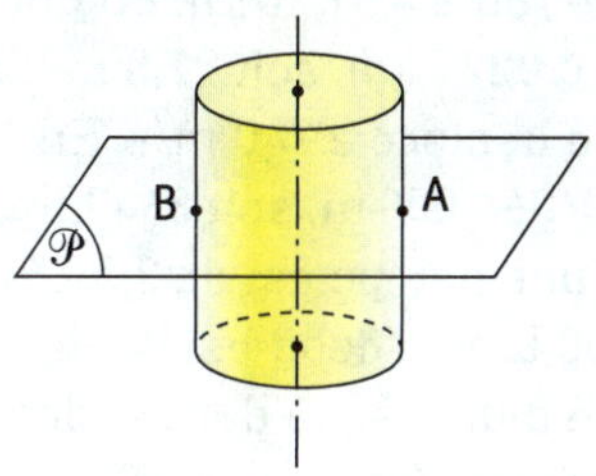

★ 4 Section d'un cylindre (2)

a. Dessiner la section du cylindre par le plan passant par A et contenant l'axe du cylindre. Que dire de cette section ?

....

b. Calculer son aire. ....

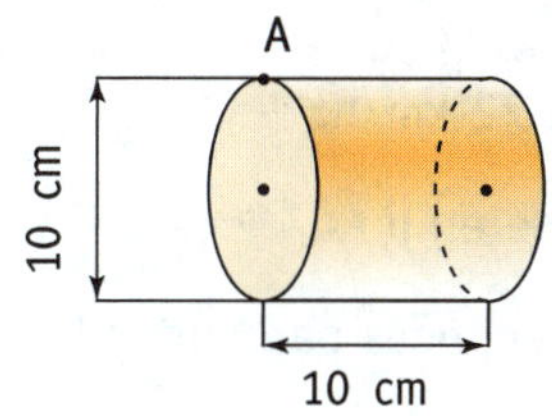

★★ 5 Section d'une pyramide

La pyramide HELAS est inscrite dans un cube de 6 cm de côté.

a. Placer le milieu I de [HE].

b. Représenter sur le dessin la section de la pyramide HELAS par le plan parallèle à SALE et passant par I.

c. Que dire de cette section ? ....

....

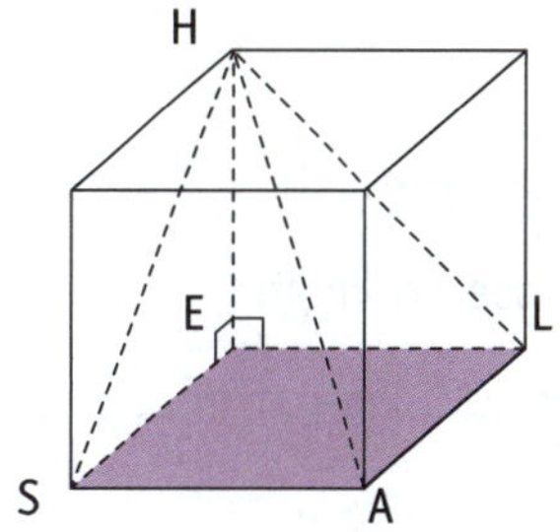

★★ 6 Section d'un cône

a. Placer le milieu M de [AS].

b. Représenter à main levée la section du cône par le plan parallèle à la base et passant par M.

c. On sait que $r = 10$ cm. Que dire de cette section ?

....

....

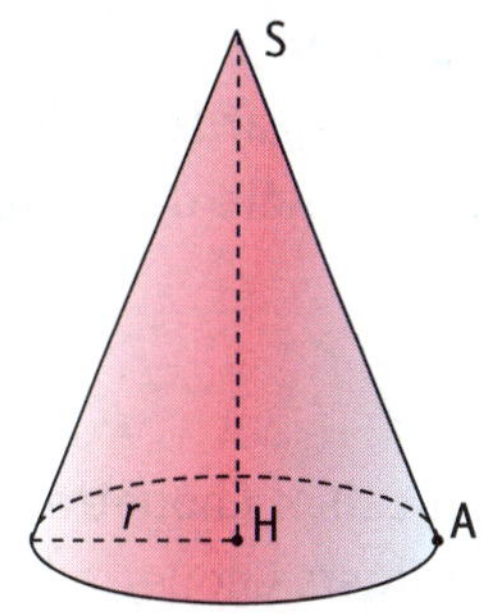

Corrigés p . 25-26

24 Jongler avec les unités

Comment traiter des problèmes de vitesse, de débit, etc. ?

Pour mesurer, on utilise des grandeurs produits ou des grandeurs quotients.

Vitesse

Si v désigne la vitesse, d la distance parcourue et t la durée du parcours,

on a alors $d = v \times t$. On en déduit $v = \frac{d}{t}$ et $t = \frac{d}{v}$

Si d est en km et t en h alors v est en km/h. Si d est en m et t en s alors v est en m/s.

Exemple : Un scooter se déplace à 52 km/h. Pour parcourir 78 km, il met : $\frac{78}{52} = 1{,}5$ h soit une heure et demie. En deux heures et demie, il aura parcouru : $52 \times 2{,}5 = 130$ km.

Changements d'unités

- Une voiture roule à 81 km/h. En une seconde, elle parcourt : $81 \div 3\,600 = 0{,}0225$ km, soit 22,5 m. Sa vitesse est donc de : 22,5 m/s.
- Un avion se déplace à 240 m/s. En 1 h, il parcourt : $240 \times 3\,600 = 864\,000$ m, soit 864 km. Sa vitesse est donc de 864 km/h.
- Le débit d'une pompe est de 2,5 L/s ; en une minute elle débite $2{,}5 \times 60 = 150$ L. Son débit est donc de 150 L/min.
- La capacité d'un disque dur est de 1 téraoctet, ce qui correspond à 1 000 gigaoctets ou 10^6 mégaoctets (voir page 62).

★ 1 En voiture

Une voiture roule à 72 km/h.

a. Calculer sa vitesse en m/s.

b. En combien de secondes parcourt-elle 100 m ?

c. Quelle distance a-t-elle parcourue en une minute ?

★ 2 La fusée

La vitesse d'une fusée est de 561 m/s.

a. Donner sa vitesse en km/h.

b. Fait-elle plus de 30 km par minute ?

★ 3 La sonde New Horizons

La sonde New Horizons envoie vers la Terre des informations sur la planète Pluton au rythme de 700 octets par seconde. Il faudra 16 mois pour toutes les recevoir.

a. Calculer la quantité totale d'information transmise par la sonde (en Go).

b. Le tapuscrit d'un cahier Chouette fait environ 10 Mo. Combien le résultat précédent représente-t-il de cahiers Chouette ?

COUP DE POUCE
Prendre des mois de 30 jours.

★ 4 La Loire

Il s'écoule à Saint-Nazaire, dans la Loire, en moyenne environ 56 000 m^3 d'eau par minute.

a. Calculer le débit moyen de la Loire en m^3/s. ....

....

b. Combien s'écoule-t-il de m^3 d'eau en 1 h, en 1 jour ? ....

....

> **COUP DE POUCE**
> On suppose que ce débit est constant.

★ 5 Consommation d'essence

Une voiture a consommé 15 litres d'essence pour parcourir 350 km.

a. Calculer sa consommation d'essence en litres pour 100 km, à 0,1 L près.

....

b. Quelle distance peut-elle parcourir avec un plein de 45 litres ?

....

> **COUP DE POUCE**
> On suppose que la consommation d'essence est proportionnelle à la distance parcourue.

★★ 6 Densité de population

Une commune de 16 830 habitants s'étend sur 51 km^2.

a. Calculer sa densité de population en habitants/km^2.

....

b. Calculer la superficie moyenne par habitant en ha/habitant, à 0,1 ha près.

....

....

....

> **INFO**
> **a.** La densité de population est le nombre d'habitants par km^2.

★ 7 Un champ de blé

Le rendement d'un champ de céréales est de 75 quintaux à l'hectare. Sachant que le champ mesure 16 ha, combien faudra-t-il de tours avec une remorque de 35 t pour acheminer la récolte dans un silo ?

....

....

★★ 8 Masse volumique du fer

Un solide en fer de 65 cm^3 pèse 0,51 kg.
Calculer la masse volumique du fer en g/cm^3, à 0,1 g/cm^3 près.

....

....

> **INFO**
> La masse volumique d'un corps est la masse par unité de volume.

Corrigés p. 26-27

ALGORITHMIQUE ET PROGRAMMATION

25 Découvrir l'algorithmique et la programmation

NB : Scratch Offline Editor version 2 est téléchargeable gratuitement à l'adresse suivante : scratch.mit.edu/scratch2download/

Qu'est-ce qu'un test ou une instruction conditionnelle ?

- Un automobiliste (ou un robot qui conduit une voiture) sait ce qu'il doit faire en présence d'un feu tricolore :
si le feu est rouge, **alors** il s'arrête et attend le feu vert pour passer.
Des situations semblables sont fréquentes en programmation.
L'instruction « **si** (condition) **alors** (instruction) » permet de les traiter.

Exemple

En assemblant et en exécutant le programme ci-contre, on observe que :
- si la condition « réponse = oui » est réalisée, alors l'instruction incluse dans le bloc « Si .... alors... » est exécutée ;
- sinon le programme ignore cette instruction.

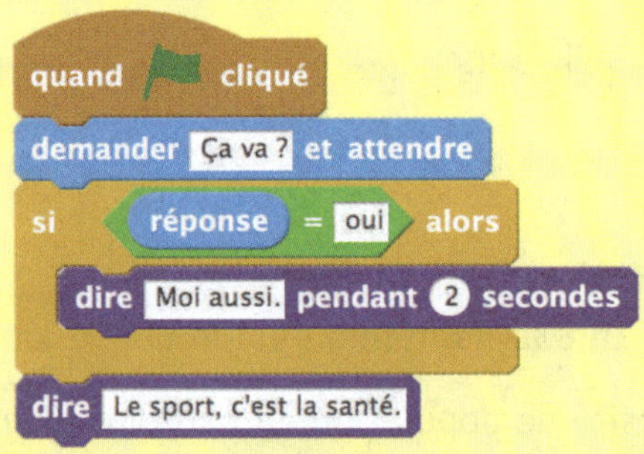

★ 1 L'instruction « si ... alors ... »

On s'intéresse au programme ci-dessus.

a. Que dit le lutin si la réponse est « oui » ? ....

b. Que dit le lutin si la réponse n'est pas « oui » ? ....

★ 2 « Si ... alors... » dans une boucle

a. Assembler et exécuter le programme ci-contre. Lors de l'exécution appuyer de temps en temps sur la touche A.

b. Sans modifier le programme, essayer de piloter le lutin pour qu'il ne se cogne plus sur les bords. Puis essayer de l'amener au centre de la scène pour le faire tourner sur lui-même comme un moulin.

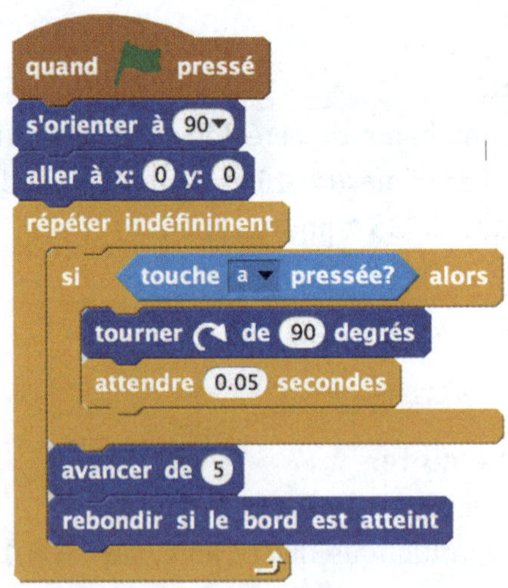

★★ 3 Les diviseurs d'un nombre entier

a. Le reste de la division euclidienne de 42 par 5 est : ....

Et celui de la division de 42 par 6 est : ....

b. Dans le langage Scratch, les restes de ces divisions s'expriment à l'aide de l'opérateur « modulo ».

Ainsi 42 modulo 5 = ... ; 42 modulo 6 = ... ; 27 modulo 7 = ... ; 12 modulo 3 = ...

c. Que peut-on dire de deux nombres d et N lorsque (N modulo d) = 0 ? ....

d. Assembler et exécuter le programme ci-contre.
Noter les diviseurs de 36 trouvés par le programme.

....

e. Ce programme oublie le nombre 1 qui est pourtant un diviseur de 36. Apporter la correction nécessaire.
f. Modifier encore le programme afin qu'il demande un nombre N et donne successivement tous les diviseurs de N.
Application : quels sont les 9 diviseurs de 441 ?

....

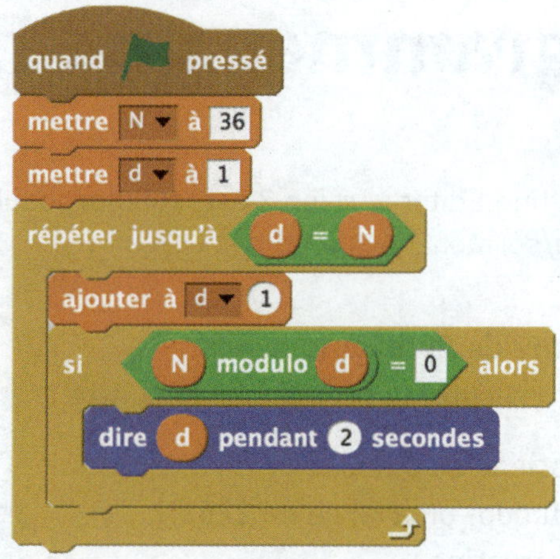

★★ 4 L'instruction « si ... alors ... sinon »

Règle d'un jeu de dé : Le joueur annonce un nombre N choisi parmi {1, 2, 3, 4, 5, 6}. Puis, il lance un dé cubique et gagne si le dé désigne le nombre N.

Malheureusement, le dé est perdu !
Mais l'ordinateur est là, et Scratch aussi.
Le programme à assembler doit :
- demander le nombre N au joueur ;
- tirer X au hasard (ceci remplace le dé) ;
- comparer X à N ;
- dire « Gagné » ou « Perdu » selon le cas.

a. Assembler le programme ci-contre en complétant les zones blanches.
b. Exécuter pour tester le programme.

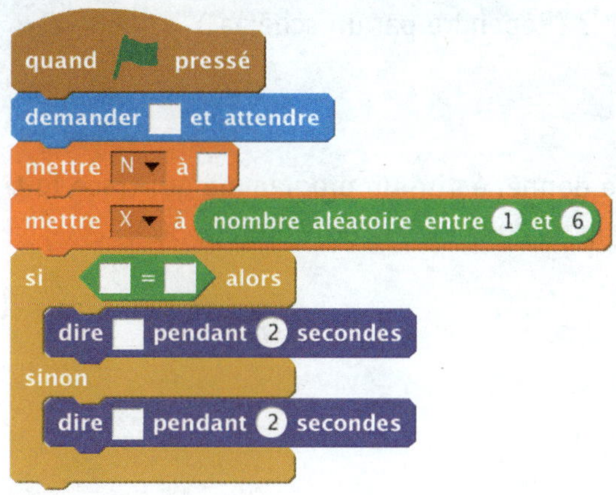

★★ 5 Dans les pas de La Fontaine : le Corbat et le Renard

a. Supprimer le lutin Chat et activer : Renard (fox), Corbat (bat2), Bananes (bananas).
b. Voici les programmes qui vont piloter les trois lutins.

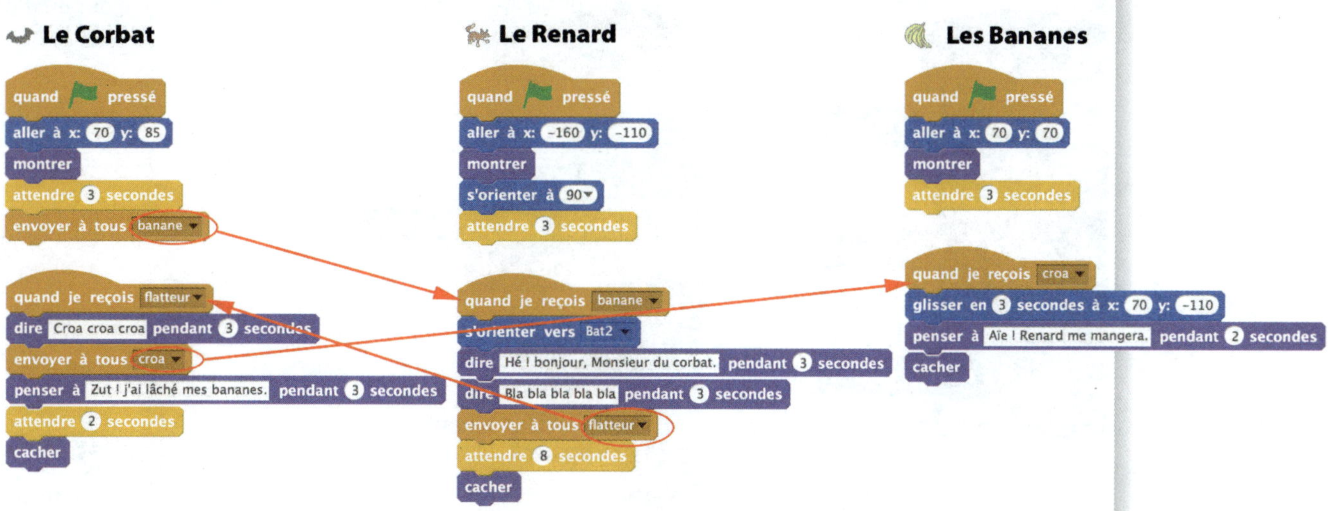

Assembler les programmes du lutin Corbat après un double clic sur ce lutin. Puis, assembler les programmes des deux autres lutins (dans deux autres fenêtres).
c. Lancer l'exécution pour comprendre le rôle des messages échangés par les lutins.

Corrigés p. 27-28

26 Programmer une figure

NB : Scratch Offline Editor version 2 est téléchargeable gratuitement à l'adresse suivante : scratch.mit.edu/scratch2download/

★★ 1 Avec le théorème de Pythagore

a. Assembler et exécuter le programme ci-contre.

```
quand [drapeau] pressé
aller à x: 0 y: 0
cacher
s'orienter à 0
effacer tout
stylo en position d'écriture
avancer de 160
tourner ↻ de 90 degrés
avancer de 160
tourner ↻ de 135 degrés
avancer de 226.27
```

Quelle figure obtient-on ? ....

b. Expliquer pourquoi on avance de 226,27 à la dernière instruction.

....

....

c. Pourquoi faut-il tourner de 135° pour dessiner un angle de 45° ? (Répondre par un schéma.)

d. Sur le modèle donné, écrire un programme qui trace le triangle ABC ci-dessous avec AB = 100, AC = 200, $\widehat{BAC} = 60°$, $\widehat{BCA} = 30°$.

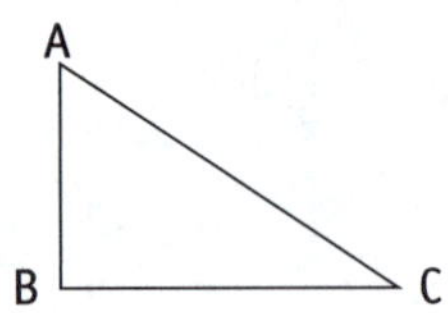

Commencer par calculer BC :

....

....

★ 2 Avec des translations

a. Assembler et exécuter le programme ci-dessous. (Commencer par créer puis définir le bloc que l'on appelle ici MOTIF.)

```
définir MOTIF
stylo en position d'écriture
s'orienter à 60
avancer de 30
tourner ↻ de 90 degrés
avancer de 60
avancer de -30
tourner ↺ de 90 degrés
avancer de 15
```

```
quand [drapeau] cliqué
cacher
effacer tout
relever le stylo
choisir la taille 3 pour le stylo
aller à x: -200 y: 0
MOTIF
relever le stylo
ajouter 30 à x
donner la valeur 0 à y
MOTIF
```

b. Supprimer la dernière instruction du programme et insérer une boucle « répéter 6 fois » afin d'obtenir une frise de 6 motifs.

INFO
L'instruction « s'orienter à 60° » a pour effet d'incliner le MOTIF.

INFO
On observe ce type de frises sur les façades des églises romanes saintongeaises par exemple.

★★ 3 **Avec des rotations**

a. Assembler et exécuter le programme ci-contre. (Il faut d'abord définir le bloc « DESSIN » et créer la variable *d* qui mémorisera la direction.)

b. On passe d'un dessin au suivant par une rotation d'angle ....

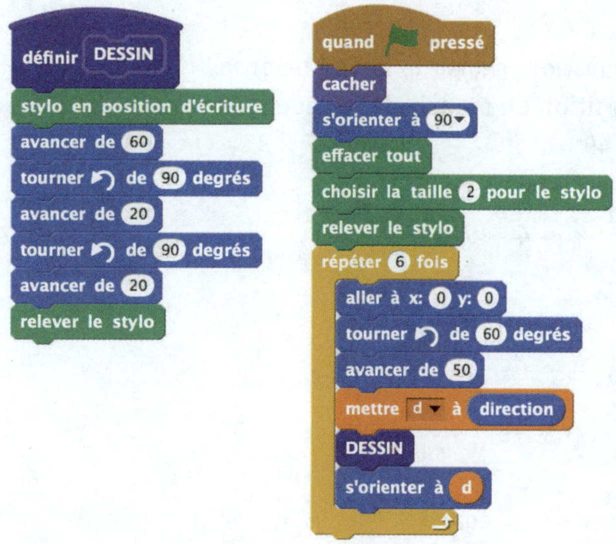

c. Modifier ce programme afin d'obtenir la rosace à 12 pétales ci-dessous.

d. Même travail pour obtenir la rosace à 8 pétales.

e. Même travail pour obtenir une rosace ayant 5 pétales de couleurs différentes. (Utiliser l'instruction « ajouter 30 à la couleur ».)

INFO
On peut observer une rosace à 8 pétales dans la verrière de l'église de Périgné dans les Deux-Sèvres.

★ 4 **Avec une symétrie centrale**

a. Dans le programme donné au début de l'exercice précédent, remplacer : 6 fois par 2 fois et 60° par 180°.
Exécuter le programme, observer la figure obtenue et compléter la phrase :

Les deux dessins sont .... par rapport au point de coordonnées (0 ; 0), origine du repère.

b. Plus généralement, on énonce :

La rotation d'angle .... et de centre A est la ....

Corrigés p. 28-29

BREVET BLANC 1

1 Pour chaque question, choisir la bonne réponse.

1. La décomposition en produit de facteurs premiers de 2205 est :

a. $3^2 \times 5 \times 49$ **b.** $3^2 \times 7 \times 35$ **c.** $3^2 \times 5 \times 7^2$

2. L'expression $\frac{7}{4} - \frac{3}{4} \times \frac{2}{7}$ est égale à :

a. $\frac{43}{28}$ **b.** $\frac{2}{7}$ **c.** 1,5357

3. L'expression $\frac{3^4 \times 3^3}{3^8}$ est égale à :

a. 3 **b.** $\frac{1}{3}$ **c.** 3^4

4. $(2x - 3)(2x + 4)$ est égal à :

a. $4x^2 - 12$ **b.** $2x^2 - 12$ **c.** $4x^2 + 2x - 12$

5. Le nombre premier compris entre 90 et 100 est :

a. 97 **b.** 91 **c.** 99

2 On considère un rectangle de côtés x et 4 et un triangle équilatéral de côté x.

INFO Calcul littéral.

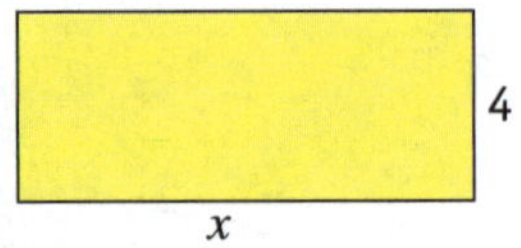

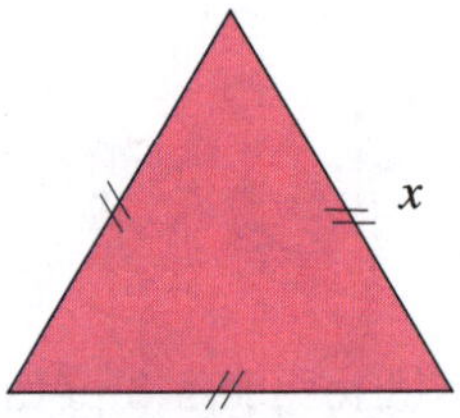

Pour quelles valeurs de x, ces deux figures ont-elles le même périmètre ?

3 La droite d est la représentation graphique d'une fonction affine f.

1. La fonction f est-elle linéaire ? Justifier.

2. Lire sur le graphique l'image de 3 par la fonction f.

3. Lire sur le graphique l'antécédent de 1 par la fonction f.

4. À l'aide du graphique, déterminer la solution de l'équation $f(x) = 0$.

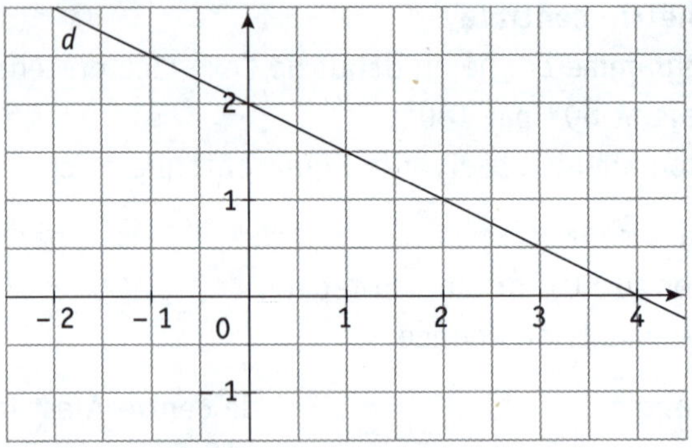

INFO Lecture graphique.

4 Le solide représenté ici en perspective est un cube.

1. Prouver que le triangle ABC est équilatéral.

2. Construire les milieux des côtés de ABC, directement sur la figure donnée, en utilisant uniquement la règle, donc sans compas et sans mesurer. (Justifier la construction.)

3. On suppose que le côté du cube mesure 6 cm. Calculer le volume de la pyramide OABC (en cm^3).

4. Quel pourcentage du volume du cube représente le volume de la pyramide OABC ?

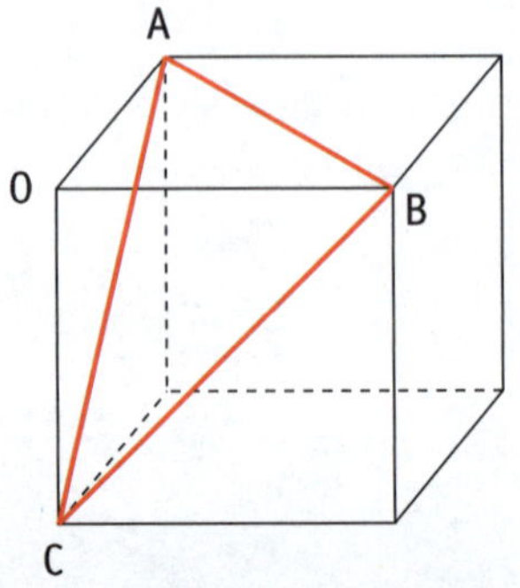

INFO Géométrie dans l'espace.

5 La liste suivante donne le prix d'un kilogramme de merlu pendant une période de 20 jours consécutifs.

8 € – 10 € – 12 € – 8 € – 15 € – 10 € – 8 € – 7 € – 12 € – 11 €
16 € – 10 € – 16 € – 12 € – 7 € – 7 € – 15 € – 9 € – 17 € – 11 €

1. Compléter un tableau comme le suivant en rangeant les prix par ordre croissant.

Prix	7 €	8 €	....
Effectifs	3	....	....

2. Calculer le prix moyen m du kilogramme de merlu pour cette période.
3. Trouver un prix médian du kilogramme de merlu.
4. Trouver l'étendue de la série statistique.

INFO Statistiques.

6 On jette deux dés cubiques ordinaires. Les cas possibles peuvent se représenter dans un tableau.

1. Combien y a-t-il de cas possibles ?
2. Inscrire dans chaque case la somme des points obtenus sur les deux dés.
3. Quelle est la probabilité d'obtenir 2 points ? Et celle d'obtenir 8 points ?
4. Compléter le tableau suivant par des fractions de dénominateur 36.

Dé 1 / Dé 2	1	2	3	4	5	6
1						
2						
3						
4						
5						
6						

Somme des points	2	3	4	5	6	7	8	9	10	11	12
Probabilité											

5. On dit qu'un jeu est équitable lorsque tous les joueurs ont la même probabilité de gagner.
Tom propose à Jerry : « On va jouer à lancer deux dés et à faire la somme des points obtenus.
Si Somme $\leqslant 6$, tu gagnes. Mais si Somme > 6, je gagne. »
Cette règle est-elle équitable ? Si non, à qui profite-t-elle ?

INFO Probabilités.

7 Un tableur a été utilisé pour calculer quelques images de x par une fonction f.

B2 | f_x =B1*B1+3

	A	B	C	D	E	F	G	H	I	J
1	x	-4	-3	-2	-1	0	1	2	3	4
2	$f(x)$	19	12	7	4	3	4	7	12	19
3										

1. Quelle est l'image de –3 ? (Répondre sans justifier.)
2. Quels sont les antécédents de 7 affichés sur l'écran ? (Répondre sans justifier.)
3. Quelle est l'expression de $f(x)$? (Répondre sans justifier.)
4. Calculer $f(5)$? (Détailler le calcul.)
5. Dans un repère (unité 1 cm sur $(0x)$ et $(0y)$), placer les points $A(0\,;f(0))$; $B(1\,;f(1))$ et $C(-1\,;f(-1))$. f est-elle une fonction affine ? (Justifier.)

INFO Fonction et tableur.

Corrigés p. 29-30

1 Pour chaque question, choisir la bonne réponse.

1. La diagonale d'un carré de côté 3 mesure :

a. 6 **b.** $\sqrt{18}$ **c.** 4,24

2. Un triangle a une aire de 36 cm². On le réduit en divisant ses côtés par 3.
Le triangle obtenu a pour aire :

a. 12 cm² **b.** 6 cm² **c.** 4 cm²

3. Sachant que (ED) // (BC) alors AC est égal à :

a. $\frac{10}{3}$ **b.** $\frac{8}{3}$ **c.** 2

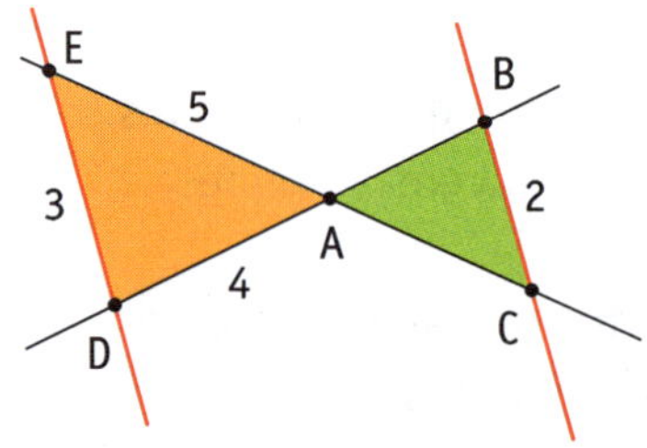

4. Un triangle ABC a pour côtés : AB = 40 ; AC = 41 ; BC = 9.
Ce triangle…

a. est rectangle en A **b.** est rectangle en B **c.** n'est pas rectangle

5. Le triangle ABC est rectangle en A. Son hypoténuse mesure 12 cm et son angle $\widehat{B}$ mesure 37°. Alors le côté AC mesure à 0,01 cm près :

a. 9,58 cm **b.** 7,22 cm **c.** 19,94 cm

2 **1.** Développer :

$A = (3x + 1)(4 - 3x)$ $B = (y - 5)(y + 6)$ $C = (a + 4)(a - 4)$

2. Factoriser :

$D = 6x + x^2$ $E = y^2 - 4y$ $F = 72 - 9x$

INFO Calcul littéral.

3 On donne ici les représentations graphiques $\mathcal{C}_1$, $\mathcal{C}_2$ et $\mathcal{C}_3$ de trois fonctions f_1, f_2 et f_3.

1. Quelle est la fonction linéaire ? (Justifier.)

2. Quelle est la fonction qui n'est pas affine ? (Justifier.)

3. Lire graphiquement les coordonnées du point A.

4. Quel est le nombre qui la même image par f_1 et par f_2 ?

5. Par lecture graphique, trouver les antécédents de 0 par f_3.

6. La fonction f_2 est définie par $x \mapsto \frac{1}{2}x + 7$.
Déterminer, par le calcul, l'antécédent de 0 par f_2.

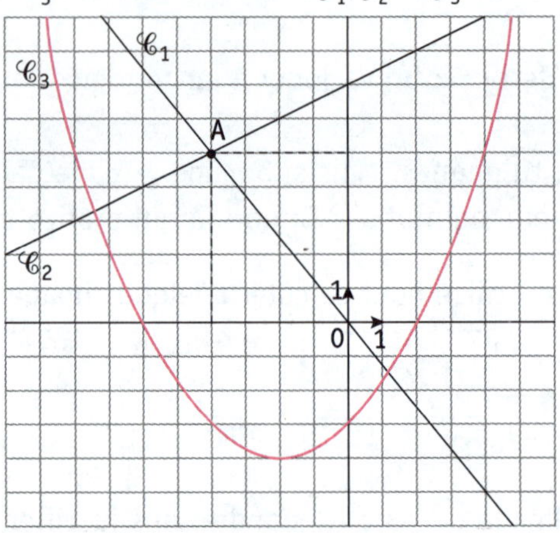

INFO Représentations graphiques.

4 Pour tondre une pelouse, un microtracteur avance à la vitesse de 3 km/h.
Sa largeur de coupe est 1,10 m.
Quelle surface, en m², aura-t-il tondue en 1 h 20 min ?

INFO Unités de mesure.

5 Une urne contient 3 boules rouges, 6 boules blanches et 1 boule verte.
On tire une boule au hasard dans cette urne.
On appelle E_1 l'événement « Tirer une boule rouge » et E_2 l'événement « Tirer une boule qui n'est pas blanche ».

1. Quelle est la probabilité de l'événement E_1 ?
2. Quelle est la probabilité de l'événement E_2 ?
3. Quelle est la probabilité de l'événement contraire de E_2 ?

INFO Probabilités.

6 La figure est composée de trois triangles rectangles.
On sait que AB = 10 cm, $\widehat{a} = 40°$, $\widehat{b} = 25°$ et $\widehat{c} = 50°$.
Calculer BC, BD et BE à 0,01 cm près.

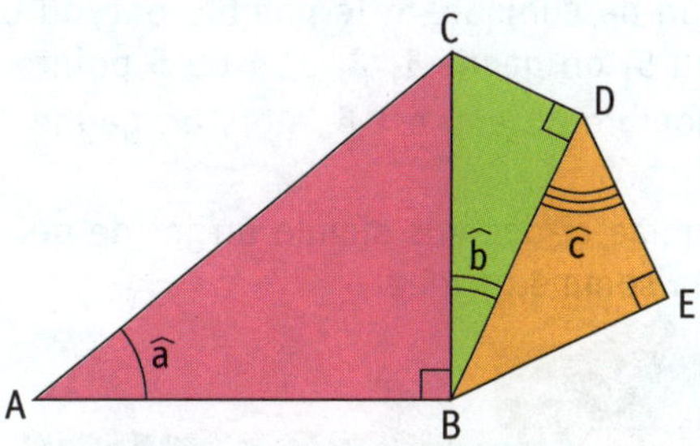

INFO Trigonométrie.

7 La figure représente un cône inclus dans un cube de 4 cm d'arête.

1. Calculer la longueur SA.
2. Le volume V d'un cône de hauteur h et de rayon de base r est donné par la formule : $V = \dfrac{\pi r^2 h}{3}$.
Calculer le volume du cône.
3. Le cône occupe un certain pourcentage du volume du cube.
Calculer ce pourcentage à 1 % près.

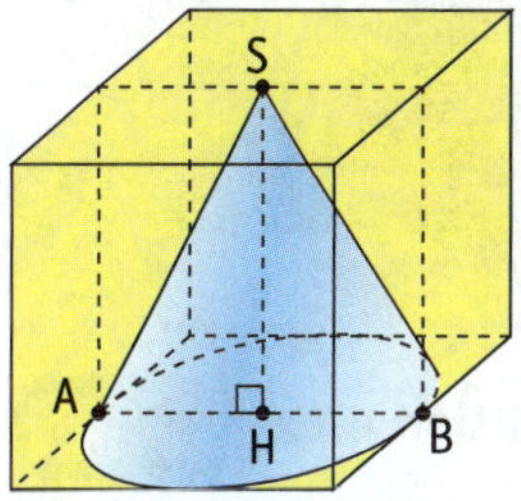

INFO Géométrie dans l'espace.

8 Voici un programme écrit avec le logiciel Scratch.
Pour chaque question, choisir la bonne réponse.

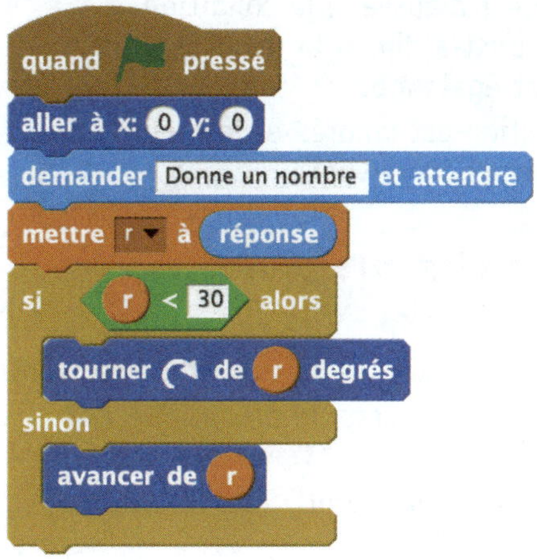

1. Pour démarrer l'exécution de ce programme, on clique sur :
a. le drapeau vert **b.** l'octogone rouge **c.** le lutin

2. Pour écrire ce programme, on a créé :
a. 2 variables **b.** 1 variable **c.** aucune variable

3. Le programme demande un nombre. Après avoir choisi 30 alors :
a. le lutin va en $x = 0$, $y = 0$ **b.** le lutin tourne de 30° **c.** le lutin avance de 30

4. Après avoir choisi 25 alors :
a. le lutin va en $x = 0$, $y = 0$ **b.** le lutin tourne de 25° **c.** le lutin avance de 25

INFO Algorithmique et programmation.

Corrigés p. 30-31

L'art de programmer

NB : Scratch Offline Editor version 2 est téléchargeable gratuitement à l'adresse suivante : scratch.mit.edu/scratch2download/
Une fois le logiciel installé, on peut changer la langue (anglais, français...) en cliquant sur le petit globe en haut à gauche de l'écran.

Test « si (condition) alors (action) »

- On jette un dé cubique. Si le nombre obtenu est 1, 2, 3, 4 ou 5, on gagne 1, 2, 3, 4 ou 5 points. Mais si le nombre obtenu est 6, alors on gagne 12 points.
- Le programme ci-dessous simule un jet de dé et indique la somme gagnée.

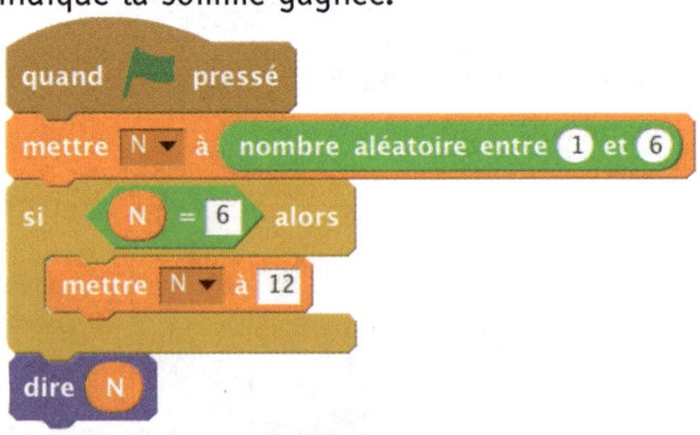

Ici, la **condition** est ⟨N = 6⟩,

et l'**action** est [mettre N à 12].

Cette action est réalisée si la condition est vérifiée, c'est-à-dire si la variable *N* est effectivement égale à 6.
Si $N \neq 6$, l'action est ignorée et le programme passe à l'instruction suivante.

Test « si (condition) alors (action 1) sinon (action 2) »

- On achète les tickets de bus aux tarifs suivants :
  - pour moins de 5 tickets, le prix est de 1 € par ticket ;
  - à partir de 5 tickets, le prix est de 0,85 € par ticket.
- Le programme ci-dessous demande un nombre de tickets et calcule leur prix.

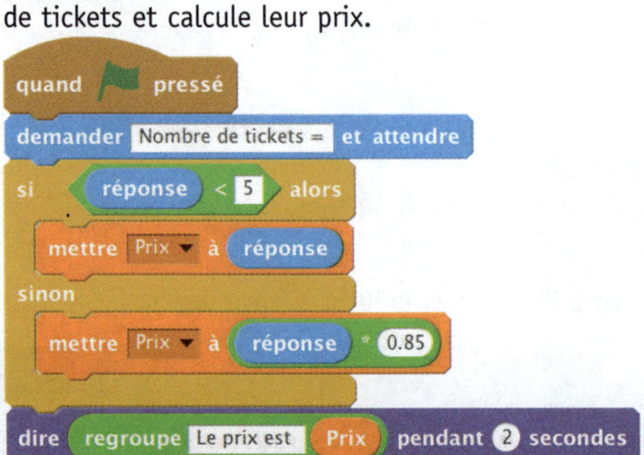

Ici, la **condition** est ⟨réponse < 5⟩

l'**action 1** est [mettre Prix à réponse]

et l'**action 2** est

[mettre Prix à réponse * 0.85].

Si *réponse* est un nombre strictement inférieur à 5, alors l'action 1 est réalisée et l'action 2 ignorée.
Si *réponse* est un nombre supérieur ou égal à 5, alors l'action 1 est ignorée et l'action 2 réalisée.

Tests dans une boucle

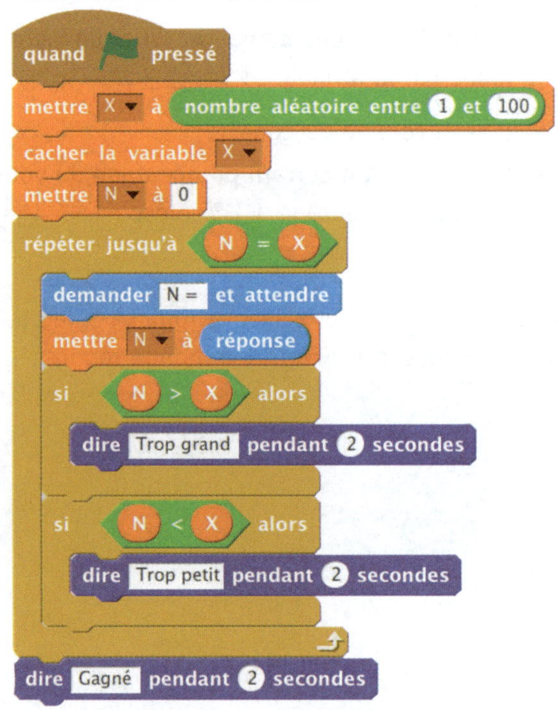

- Dans le programme ci-dessus, le joueur doit deviner un nombre mystérieux *X* choisi au hasard entre 1 et 100. Il propose un nombre *N*.
  - Si $N < X$, le programme répond « Trop petit ».
  - Si $N > X$, le programme répond « Trop grand ».

  Et le joueur recommence jusqu'à ce que $N = X$.
  La boucle prend fin lorsque la condition ⟨N = X⟩ est vérifiée.
- À l'intérieur de la boucle, les deux tests sont des tests du type « si (condition) alors (action) ».
  Ce programme montre des « structures emboîtées » : une boucle peut contenir un ou plusieurs tests et vice-versa.

Les mots clés

Édition : Jean-Marc Cheminée
Maquette intérieure : Frédéric Jély, Primo & Primo
Cartes mentales : Domino
Illustrations : Adrien Siroy (dessins de la chouette), Stéphane Mattern, Clémence Itssaga
Mise en pages : Grafatom-Lasergraphie

Achevé d'imprimer en Italie par G. Canale & C. S.p.A.
Dépôt légal n° 05128-7/01 - Novembre 2018